中国中药资源大典
——中药材系列
中药材生产加工适宜技术丛书
中药材产业扶贫计划

羌活生产加工适宜技术

总 主 编　黄璐琦
主　　编　贾守宁　李军茹
副 主 编　赵文龙　徐智玮

中国医药科技出版社

内容提要

《中药材生产加工适宜技术丛书》以全国第四次中药资源普查工作为抓手，系统整理我国中药材栽培加工的传统及特色技术，旨在科学指导、普及中药材种植及产地加工，规范中药材种植产业。本书为羌活生产加工适宜技术，包括：概述、羌活药用资源、羌活栽培技术、宽叶羌活特色适宜技术、羌活药材质量、羌活现代研究与应用等内容。本书适合中药种植户及中药材生产加工企业参考使用。

图书在版编目（CIP）数据

羌活生产加工适宜技术 / 贾守宁，李军茹主编．— 北京：中国医药科技出版社，2018.3

（中国中药资源大典．中药材系列．中药材生产加工适宜技术丛书）

ISBN 978-7-5214-0001-4

Ⅰ．①羌…　Ⅱ．①贾…　②李…　Ⅲ．①羌活—栽培技术　②羌活—中草药加工　Ⅳ．① S567.23

中国版本图书馆 CIP 数据核字（2018）第 051930 号

美术编辑　陈君杞

版式设计　锋尚设计

出版　中国医药科技出版社

地址　北京市海淀区文慧园北路甲 22 号

邮编　100082

电话　发行：010-62227427　邮购：010-62236938

网址　www.cmstp.com

规格　710 × 1000mm　1/16

印张　10 1/4

字数　90 千字

版次　2018 年 3 月第 1 版

印次　2018 年 3 月第 1 次印刷

印刷　北京盛通印刷股份有限公司

经销　全国各地新华书店

书号　ISBN 978-7-5214-0001-4

定价　35.00 元

中药材生产加工适宜技术丛书

编委会

本书编委会

主　　编　贾守宁　李军茹

副 主 编　赵文龙　徐智玮

编写人员　（按姓氏笔画排序）

马世震（西北高原生物研究所）
马春花（青海省中医院）
王　敏（四川诺托璞公司羌活基地）
王双玺（青海省中医院）
王宗元（互助县林川乡上泉种植专业合作社）
王惠珍（甘肃中医药大学）
王瑞卿（湟源县卫生和计划生育局）
尤荣云（青海民族大学）
朱田田（甘肃中医药大学）
刘　静（青海省中医院）
刘因华（云南省中医中药研究院）
李生洪（青海省中医院）
李军茹（青海省中医院）
陆国弟（甘肃中医药大学）
陈文娟（青海省中医院）
赵文龙（甘肃中医药大学）
赵国福（青海省中医院）
段晓明（青海大学农牧学院）
贾守宁（青海省中医院）
徐智玮（青海省中医院）
黄红英（青海省中医院）
窦　萱（青海省中医院）

序

我国是最早开始药用植物人工栽培的国家，中药材使用栽培历史悠久。目前，中药材生产技术较为成熟的品种有200余种。我国劳动人民在长期实践中积累了丰富的中药种植管理经验，形成了一系列实用、有特色的栽培加工方法。这些源于民间、简单实用的中药材生产加工适宜技术，被药农广泛接受。这些技术多为实践中的有效经验，经过长期实践，兼具经济性和可操作性，也带有鲜明的地方特色，是中药资源发展的宝贵财富和有力支撑。

基层中药材生产加工适宜技术也存在技术水平、操作规范、生产效果参差不齐问题，研究基础也较薄弱；受限于信息渠道相对闭塞，技术交流和推广不广泛，效率和效益也不很高。这些问题导致许多中药材生产加工技术只在较小范围内使用，不利于价值发挥，也不利于技术提升。因此，中药材生产加工适宜技术的收集、汇总工作显得更加重要，并且需要搭建沟通、传播平台，引入科研力量，结合现代科学技术手段，开展适宜技术研究论证与开发升级，在此基础上进行推广，使其优势技术得到充分的发挥与应用。

《中药材生产加工适宜技术》系列丛书正是在这样的背景下组织编撰的。该书以我院中药资源中心专家为主体，他们以中药资源动态监测信息和技术服务体系的工作为基础，编写整理了百余种常用大宗中药材的生产加工适宜技术。全书从中药材的种植、采收、加工等方面进行介绍，指导中药材生产，旨在促进中药资源的可持续发展，提高中药资源利用效率，保护生物多样性和生态环境，推进生态文明建设。

丛书的出版有利于促进中药种植技术的提升，对改善中药材的生产方式，促进中药资源产业发展，促进中药材规范化种植，提升中药材质量具有指导意义。本书适合中药栽培专业学生及基层药农阅读，也希望编写组广泛听取吸纳药农宝贵经验，不断丰富技术内容。

书将付梓，先睹为悦，谨以上言，以斯充序。

中国中医科学院 院长

中 国 工 程 院 院士 张伯礼

丁酉秋于东直门

总前言

中药材是中医药事业传承和发展的物质基础，是关系国计民生的战略性资源。中药材保护和发展得到了党中央、国务院的高度重视，一系列促进中药材发展的法律规划的颁布，如《中华人民共和国中医药法》的颁布，为野生资源保护和中药材规范化种植养殖提供了法律依据；《中医药发展战略规划纲要（2016—2030年）》提出推进“中药材规范化种植养殖”战略布局；《中药材保护和发展规划（2015—2020年）》对我国中药材资源保护和中药材产业发展进行了全面部署。

中药材生产和加工是中药产业发展的“第一关”，对保证中药供给和质量安全起着最为关键的作用。影响中药材质量的问题也最为复杂，存在种源、环境因子、种植技术、加工工艺等多个环节影响，是我国中医药管理的重点和难点。多数中药材规模化种植历史不超过30年，所积累的生产经验和研究资料严重不足。中药材科学种植还需要大量的研究和长期的实践。

中药材质量上存在特殊性，不能单纯考虑产量问题，不能简单复制农业经验。中药材生产必须强调道地药材，需要优良的品种遗传，特定的生态环境条件和适宜的栽培加工技术。为了推动中药材生产现代化，我与我的团队承担了农业部现代农业产业技术体系“中药材产业技术体系”建设任务。结合国家中医药管理局建立的全国中药资源动态监测体系，致力于收集、整理中药材生产加工适宜技术。这些适宜技术限于信息沟通渠道闭塞，并未能得到很好的推广和应用。

本丛书在第四次全国中药资源普查试点工作的基础下，历时三年，从药用资源分布、栽培技术、特色适宜技术、药材质量、现代应用与研究五个方面系统收集、整理了近百个品种全国范围内二十年来的生产加工适宜技术。这些适宜技术多源于基层，简单实用、被老百姓广泛接受，且经过长期实践、能够充分利用土地或其他资源。一些适宜技术尤其适用于经济欠发达的偏远地区和生态脆弱区的中药材栽培，这些地方农民收入来源较少，适宜技术推广有助于该地区实现精准扶贫。一些适宜技术提供了中药材生产的机械化解决方案，或者解决珍稀濒危资源繁育问题，为中药资源绿色可持续发展提供技术支持。

本套丛书以品种分册，参与编写的作者均为第四次全国中药资源普查中各省中药原料质量监测和技术服务中心的主任或一线专家、具有丰富种植经验的中药农业专家。在编写过程中，专家们查阅大量文献资料结合普查及自身经验，几经会议讨论，数易其稿。书稿完成后，我们又组织药用植物专家、农学家对书中所涉及植物分类检索表、农业病虫害及用药等内容进行审核确定，最终形成《中药材生产加工适宜技术》系列丛书。

在此，感谢各承担单位和审稿专家严谨、认真的工作，使得本套丛书最终付梓。希望本套丛书的出版，能对正在进行中药农业生产的地区及从业人员，有一些切实的参考价值；对规范和建立统一的中药材种植、采收、加工及检验的质量标准有一点实际的推动。

2017年11月24日

前　言

羌活为伞形科多年生草本植物羌活或宽叶羌活的干燥根及根茎，分布于青海、甘肃、四川等地；具有散寒祛风、除湿止痛的功效，用于风寒感冒头痛、风湿痹痛、肩背酸痛等症。野生羌活大多分布于海拔2000m以上的高海拔地区，生态环境脆弱，年生长时间短，药材产出量少，不能满足临床需要。开展羌活的种植是解决供需矛盾、保护生态环境、实现资源可持续发展的有效途径。

2012年，我国启动第四次全国中药资源普查，本次普查计划完成四项任务：野生中药材调查、栽培中药材调查、中药材流通市场调查和传统知识调查。通过野生中药材调查，我们对青海省羌活资源的分布有了初步的了解。通过走访和调研，我们明确了青海省主要县县域内栽培药用植物的种类及其分布地区、分布面积、产量等信息；同时对品种选育、病虫害防治、产地加工等相关情况进行记录，旨在为今后中药材生产布局的制定、栽培产业发展方向的掌控、优质药材栽培技术体系的建立等提供基础数据。2015年国家中医药管理局启动全国现代中药原料质量监测和技术中心服务建设工作，旨在收集中药材产、供、销信息，并开展相应服务。我单位承担了青海省级中心的建设任务，通过三年的建设，我们对青海省中药材的种植情况有了初步的了解。

2017年，国家中医药管理局与国务院扶贫办、工业和信息化部、农业部、中国农业发展银行联合发布了《中药材产业扶贫行动计划》，提出“通过引导百家药企在贫困地区建基地，发展百种大宗、道地药材种植、生产，带动农业转型升级，建立相对完善的中药材产业精准扶贫新模式，到2020年，贫困地区自我发展能力持续增强，实现百万贫困户稳定增收脱贫”。随着中药材产业扶贫力度加大，种植面积扩大，中药材的品质、质量和规范化种植也愈加受到关注和重视。

通过参加第四次全国中药资源普查及省级中药原料质量监测和技术服务中心的建设工作，我们收集到了一些的羌活种植、加工技术，这些技术主要来自青海、甘肃、四川等地的羌活种植户，是他们长期从事羌活种植、加工工作的经验总结，是原汁原味、切合生产实际、行之有效的种植和加工技术，对羌活的生产具有指导意义。但由于我国幅员辽阔，土壤类型、海拔高度、日照强度和时间、平均气温等差异较大，在实际应用时，应结合当地实际情况，参考应用。最好从小面积种植开始，摸索出最适宜当地的种植技术，书中所列诸项，不可照搬照抄，以免造成损失。

本书较为系统地介绍了羌活的植物学、药材学知识和种植加工技术，可供中药材种植户、收购加工企业及中药知识爱好者学习借鉴。希望本书的出版能为中草药栽培人才的培养和中药材产业扶贫行动做出贡献。

编者

2017年10月

目　录

第 1 章　概述 1

第 2 章　羌活药用资源 5

一、羌活的植物学形态及分类检索表 6

二、羌活植物的地理分布及生长环境 10

第 3 章　羌活栽培技术 13

第一节　羌活的生物学特性 14

一、羌活的生物学特征 14

二、羌活的生态学特征 22

三、羌活的抗性特点 26

第二节　主要栽培品种 26

一、宽叶羌活 26

二、羌活 27

第三节　宽叶羌活种苗繁育技术 29

一、有性繁育 29

二、无性繁育 31

第四节　宽叶羌活的移栽 34

一、不同基质下的宽叶羌活移栽 34

二、不同覆盖方式的宽叶羌活移栽 35

三、不同密度的宽叶羌活移栽 36

第五节　宽叶羌活综合施肥技术 38

一、宽叶羌活常施用的肥料 38

二、宽叶羌活种植的施肥技术 41

三、羌活GAP规范化种植禁止使用的肥料 42

第六节　宽叶羌活的土壤综合管理技术 43

一、种植选地 43

二、宽叶羌活间（套）种......44
三、土壤耕作......45
第七节 宽叶羌活田间管理档案......47
一、建立田间管理档案......47
二、田间管理档案管理制度......49
第八节 宽叶羌活病虫害......49
一、羌活的主要病害......50
二、羌活的主要虫害......53
三、疫情和病虫害监测......56
四、羌活病害研究资料......56
第九节 采收与产地加工技术......61
一、采收......61
二、加工......62
第十节 羌活的包装、储存和运输......63
一、产品包装......63
二、产品的储运......64

第 4 章 宽叶羌活特色适宜技术......67
一、宽叶羌活种子的萌发育苗技术......68
二、宽叶羌活的套种技术......70
三、宽叶羌活春季定植地膜覆盖技术......72
四、宽叶羌活的叶面追肥技术......76
五、控制宽叶羌活抽薹技术......77
六、宽叶羌活林地种植技术......79

第 5 章 羌活药材质量......81
一、羌活的本草考证......82
二、羌活的质量评价......83
三、羌活的规格等级......85

第 6 章　羌活现代研究与应用 89
一、羌活植物的化学成分及鉴定 90
二、羌活有效成分提取 94
三、羌活炮制与加工 96
四、羌活的药用部位及其性味 99
五、羌活的药理作用 99
六、羌活的临床应用 103
七、羌活的市场动态及应用前景 105
八、羌活的药用价值和经济价值 112

附录一　青海省宽叶羌活规范化栽培技术规程 117

附录二　四川省羌活生产技术规程 133

参考文献 143

第1章

概　述

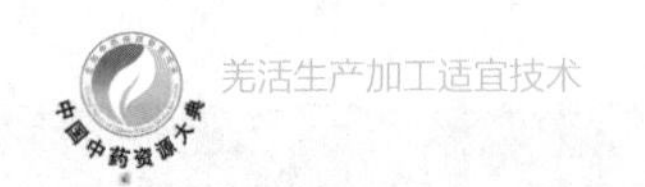

中药材羌活来源于羌活（*Notopterygium incisum* Ting ex H. T. Chang）、宽叶羌活（*Notopterygium forbesii* de Boiss.）的干燥根及根茎。味辛、苦，性温，归膀胱、肾经；具有散寒祛风、除湿止痛的功效，用于风寒感冒头痛、风湿痹痛、肩背酸痛等症。羌活药用始载于《神农本草经》，是祛风解表之良药，止痛之佳品。现代药理研究证明羌活具有解热、镇痛、抗炎、抗凝血、抗病毒、抗氧化和提高免疫功能的作用。羌活也是大活络丸、疏风再造丸、九味羌活丸、追风膏、感冒解热冲剂等中成药的主要原料。

羌活野生资源主要分布于青海、甘肃和四川等地，由于资源量小、临床应用广泛、再生能力差等原因，野生资源量逐年减少，价格上涨，开展羌活种植是解决供需矛盾、保护生态环境的重要措施。宽叶羌活是栽培的主要品种，技术相对成熟，适应地区广，拥有较好的市场前景。羌活以种子繁殖为主，但种子有形态后熟和生理后熟的现象，出芽率低，可采用沙藏育苗法和秋季直播法来提高种子的萌发率。可与小麦、油菜和蚕豆套种发挥土地效能。栽培过程中覆盖地膜可升高地温、保墒、防止杂草生长，提高田间管理效率。施肥是保证羌活生长过程中所需营养的重要手段，农家肥和化肥的科学选用可提高羌活的产量。控制抽薹可以减少营养成分的散失，促进根茎的生长。宽叶羌活的病虫害以蚜虫、蛴螬、地老虎为主，开展病虫害监测并采用综合防治的方法可有效减少病虫害的发生。田间管理档案是记录、分析、总结羌活种植过程的客观资料，是提高种植技术、开展研究的基础。

羌活的有效成分主要为挥发油和香豆素类化合物，在洗润、切制、干燥和筛选的过程中，应考虑到有效成分的理化性质，选择适宜的加工方法，以减少成分的流失和破坏，保证药材品质。

第2章

羌活药用资源

一、羌活的植物学形态及分类检索表

羌活（*Notopterygium incisum* Ting ex H. T. Chang）为多年生草本，高60～120cm，根茎粗壮，呈竹节状，根茎部有枯萎叶鞘。茎直立，圆柱形，中空，有纵直细条纹，带紫色。基生叶及茎下部叶有柄，柄长1～22cm，下部有长2～7cm的膜质叶鞘；叶为三出式三回羽状复叶，末回裂片长圆状卵形至披针形，长2～5cm，宽0.5～2cm，边缘缺刻状浅裂至羽状深裂；茎上部叶常简化，无柄，叶鞘膜质，长而抱茎。复伞形花序直径3～13cm，侧生者常不育；总苞片3～6，线形，长4～7mm，早落；伞辐7～18（39），长2～10cm；小伞形花序直

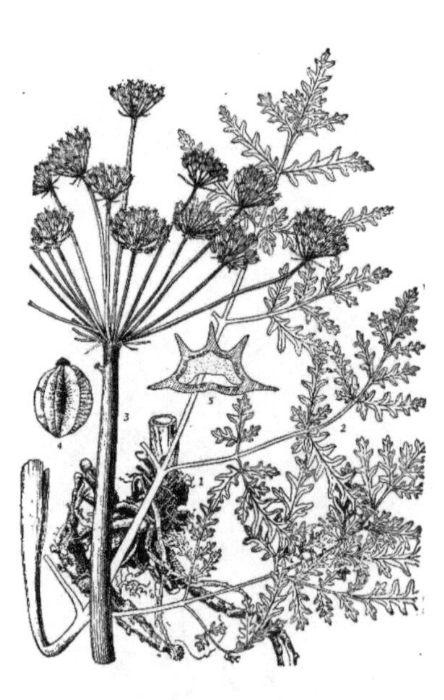

图2-1　羌活

图2-2　羌活

径1～2cm；小总苞片6～10，线形，长3～5mm；花多数，花柄长0.5～1cm；萼齿卵状三角形，长约0.5mm；花瓣白色，卵形至长圆状卵形，长1～2.5mm，顶端钝，内折；雄蕊的花丝内弯，花药黄色，椭圆形，长约1mm；花柱2，很短，花柱基平压稍隆起。分生果长圆状，长5mm，宽3mm，背腹稍压扁，主棱扩展成宽约1mm的翅，但发展不均匀；油管明显，每棱槽3，合生面6；胚乳腹面内凹成沟槽。花期7月，果期8～9月。

宽叶羌活（*Notopterygium forbesii* de Boiss.）为多年生草本，高80～180cm。有发达的根茎，基部多残留叶鞘。茎直立，少分枝，圆柱形，中空，有纵直细条纹，带紫色。基生叶及茎下部叶有柄，柄长1～22cm，下部有抱茎的叶鞘；叶大，三出式2～3回羽状复叶，一回羽片2～3对，有短柄或近无柄，末回裂片无柄或有短柄，长圆状卵形至卵状披针形，长3～8cm，宽1～3cm，顶端钝或渐尖，基部略带楔形，边缘有粗锯齿，脉上及叶缘有微毛；茎上部叶少数，叶片简化，仅有3小叶，叶鞘发达，膜质。复伞形花序顶生和腋生，直径5～14cm，花序梗长5～25cm；总苞片1～3，线状披针形，长约5mm，早落；伞辐10～17（23），长3～12cm；小伞形花序直径1～3cm，有多数花；小总苞片4～5，线形，长3～4mm；花柄长0.5～1cm；萼齿卵状三角形；花瓣淡黄色，倒卵形，长1～1.5mm，顶端渐尖或钝，内折；雄蕊的花丝内弯，花药椭圆形，黄色，长约1mm；花柱2，短，花柱基隆起，略呈平压状。分生

果近圆形，长5mm，宽4mm，背腹稍压扁，背棱、中棱及侧棱均扩展成翅，但发展不均匀，翅宽约1mm；油管明显，每棱槽3～4，合生面4；胚乳内凹。花期7月，果期8～9月。

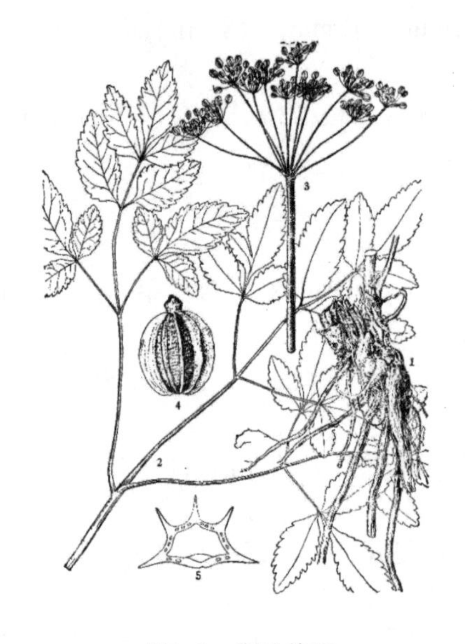

图2-3　宽叶羌活

图2-4　宽叶羌活

卵叶羌活（*Notopterygium forbesii* de Boiss. var. *oviforme*（Shan）H. Y. Chang）本变种基生叶常为二回三出式分裂，末回裂片卵形至长圆状卵形，大而质薄，顶端裂片长8～10cm，宽5～8cm，边缘锯齿圆钝。伞辐8～9。产四川、陕西。生于山坡林下较阴湿处或林缘草丛中。其根茎较松软，药用价值不大。

澜沧羌活（*Notopterygium forrestii* Wolff）为多年生直立草本，高0.5～1m。根近圆锥形，下端细。茎劲直，圆柱形，中空，有细条纹，上部有少数分枝。

茎生叶的叶柄与叶片近等长，基部狭窄的叶鞘抱茎，叶片二回三出全裂，回羽片具柄，3裂至基部，末回裂片卵状披针形至长圆状披针形，先端渐尖或长渐尖，基部楔形至截形，有时偏斜，长3.5～8cm，宽1～3cm，边缘具不整齐的钝锯齿，两面无毛，背面略带粉绿色；茎顶端叶为不规则的3裂，无柄，仅有短小狭窄的叶鞘抱茎，裂片线形，长1～7cm，宽1～3mm；序托叶2–3裂或不分裂，线形，细小。复伞形花序顶生和侧生，无总苞片；伞辐5～9，开展，不等长，较细，长1～3.5cm；小总苞片2～4，狭线形，绿色，比花柄短，花后脱落；小伞形花序有花9～14；花柄不等长；花瓣淡黄色，宽阔倒卵形，先端凹陷，小舌片宽三角形，内曲，基部具爪；萼齿发育，卵状披针形；花柱极短，花柱基扁圆锥形，基部扩大为盘状。分生果近圆形，长约3.5mm，宽2.5～3mm，5条棱均突起成宽翅；棱槽内油管2，少有3，合生面油管2；胚乳腹面内凹呈槽。花期7～8月，果期9～10月。

羌活属植物分类检索表

1　小叶边缘有缺刻状裂片至羽状深裂 ……………………………………………… 羌活

1　小叶边缘仅有锯齿 ……………………………………………………………… 2

2　基部叶的末回裂片卵状披针形，顶端渐尖；伞辐10～17 ………… 宽叶羌活

2　基部叶的末回裂片卵形至长圆状卵形，顶端钝；伞辐8～9 ………… 卵叶羌活

二、羌活植物的地理分布及生长环境

羌活属（*Notopterygium* de Boiss.）属于伞形科，是我国的特有属之一，其中药典收录的为羌活（*Notopterygium incisum* Ting ex H. T. Chang）和宽叶羌活（*Notopterygium forbesii* de Boiss.）。研究表明，羌活属植物主要生长在高山峡谷，这些地方的主要植被是亚高山草地、亚高山灌丛、横断山区海拔在2500m以上的次生林和灌丛，主要生长在山腰，棕色、褐色及高山草甸土上，喜欢质地疏松的土壤，适合具有极高腐殖质的中性或微酸性土壤。其中羌活属于高寒植物，生长环境特殊，生长缓慢，生长周期长，年生长期短，一般4～6年生羌活才能药用。羌活是短日照植物，有一定的耐寒能力，喜欢凉爽湿润、肥沃、弱光的环境，适生于寒冷湿润气候，多生长于高山灌木林、高山林缘地、亚高山灌丛及潮湿的高山草甸上，一般在阴坡中上部的针叶林下、林缘和灌木丛根际、高山流石滩石缝中等位置生长较好。对于宽叶羌活而言，冷凉气候、较高海拔、较高湿度以及较高有机质的土壤条件为其适宜的生长环境，以高山灌丛草甸土、灰褐土、山地森林土为主且有机质含量较高的土壤是其生长的适合环境。野外调查发现，在自然状态下阳山、阳坡没有发现羌活的分布，腐殖质层稀薄、枯枝落叶较少的环境条件下也没有羌活分布。我国羌活属植物的分布呈现出明显的地带性（表1-1），水平分布范围为北纬24°～41°，东经95°～113°。

因为羌活与宽叶羌活为高寒植物，生长环境特殊，生长周期长，尤其是种子繁殖的实生苗生长周期更长，因此，羌活种群更新非常缓慢。

羌活主产于我国的青海、西藏、甘肃、云南、四川等省区，主要分布区在青海东南部以及与甘肃交界的祁连山地、青藏高原东南缘的西藏东部高原山区、西藏南部高海拔山地、四川西部高原和高山峡谷还有云南的西北高原地带，主要集中于横断山区和祁连山地。具体来说，羌活在青海的大通、互助、门源、果洛、玉树、海北、黄南、化隆、互助和北部部分地区，四川的阿坝州、甘孜州、小金、金川、丹巴、理县、马尔康、黑水、松潘、南坪、康定、壤塘、色达、道孚、德格等地，甘肃的岷县、武威、张掖、临潭、天祝、天水、酒泉和临夏，陕西的太白山等地区都有分布。此外，在河北、新疆、河南、山西、内蒙古和宁夏的部分县市也有零星分布。

宽叶羌活主要分布在青海、川西高原川藏交界的一些河流及其支流的河谷、甘南等省区。宽叶羌活主产于青海及甘肃，次产于四川；山西、内蒙古、陕西及湖北亦有少量分布。青海传统产区以互助、门源、大通、湟源、共和、化隆、循化、达日、甘德、久治、班玛等地为主。甘肃传统产区主要在甘南临夏、临潭、碌曲、迭部诸县，另外天祝、武威、张掖、酒泉、天水等县（市）也有分布。陕西的蓝田和商县，内蒙古的凉城，湖北的房县及长阳等地也有分布。据文献记载和近年来的野外调查初步核实，相对羌活而言，宽叶羌活从分

布范围、生长海拔范围、对环境及土壤条件的要求、有效生长期和自繁能力等方面都有着较强的优势。

羌活在青海、四川、甘肃等地均有零星种植，但栽培技术尚不成熟，产量不够稳定无法满足市场需求。野生羌活仍然占有很大的市场比例。

表2-1 全国羌活属植物地理分布

种名	水平分布		垂直分布（m）	分布地区
	纬度（北纬°）	经度（东经°）		
宽叶羌活	24～41	95～113	2500～4840	青海、甘肃、四川、陕西、内蒙古、云南、山西、湖北
卵叶羌活	28～34	103～110	1850～2700	四川、山西
羌活	28～38	95～108	1700～5000	青海、甘肃、陕西、四川、西藏
澜沧羌活	24～28	98～102	2000～3000	四川、云南

第3章

羌活栽培技术

第一节　羌活的生物学特性

一、羌活的生物学特征

（一）生长分期

羌活和宽叶羌活的生长周期一般为4～5年或更长，期间完成发芽（种子有休眠期，越冬后第二年才能发芽）、开花、结果和死亡的过程。通常于5月至6月上旬返青后生长迅速，生长约30天，株高达70～100cm，年生长期为90～110天；宽叶羌活的物候期分为幼苗期、幼龄期、花期、果期。

1. 幼苗期（营养生长期）

从种植发芽到长出子叶的过程。见图3-1。

2. 幼龄期

子叶退化，真叶形成并开始分裂为3～5叶的过程，约需45～60天的时间。见图3-2。

3. 花期

花朵开放至雌雄蕊暴露，并完成传粉和受精，到花朵凋谢，一般在7月。见图3-3。

4. 果期

植物结果的时期，分幼果期、成长期、成熟期等，一般在8～9月。见图3-4。

图3-1　宽叶羌活的幼苗

图3-2　宽叶羌活幼龄苗

图3-3　宽叶羌活的花

图3-4　宽叶羌活种子成熟

（二）根的作用、组成

1. 作用

（1）固着：把植株固定在土壤里。

（2）吸收：吸收土壤中的水分、养分和有机物质。

（3）贮藏输送：贮藏和输送养分和水分。

（4）合成：无机养分合成为有机物质，如将无机氮转化为氨基酸、蛋白质；把从土壤中吸收的二氧化碳和碳酸盐与叶片中输送来的光合产物——糖结合成有机酸等，并将转化产物输送到地上部参与光合作用过程。

（5）繁殖：羌活通过根部产生不定芽可繁殖成新的植株，而宽叶羌活不能。

2. 组成

羌活根主要是由木栓细胞组成，在韧皮部、髓和射线中均有多个圆形或不规则长圆形的油室，内含黄棕色油状物。

（1）主根：种子萌发时胚根突破种皮，向下生长，这个由胚根细胞的分裂和伸长所形成的向下垂直生长的根，是植物体上最早出现的根。

（2）侧根：与主根相对应，侧面生出的次生根，它是以内生生长方式从主根生出的根。

（3）须根：胚根细胞分裂出的细小根。

3. 影响根系生长的因素

（1）羌活根系分布的深度和广度取决于土壤性质（团粒结构、酸碱性）、肥力、地下水位、栽后管理等因素。

①土壤性质：羌活以酸性或中性、有机质、钾含量较丰富的土壤为主；宽叶羌活以中性土壤为主。

②肥力：羌活以氮肥为主，缺氮肥使药材性状变为竹节羌活；宽叶羌活一般以氮、磷、钾肥为主。

③地下水位：羌活喜凉爽湿润气候；宽叶羌活耐寒、耐湿的程度相对于羌活弱。

④栽后管理：羌活齐苗后，应注意中耕除草，干旱天气浇水保墒，阴雨天气及时排水。立秋前后追肥一次：每亩追施尿素10kg，磷酸二氢钾10kg。冬季清理田园后撒施一层土杂肥。羌活现蕾后，除留种株外，应摘除花蕾，以防养分消耗。

（2）羌活根系的生长速度主要受土壤温度、湿度、通气状况、肥力及自身营养条件的影响。

①土壤温度：根的生长有最适宜的上、下限温度，温度过高、过低对根系生长都不利，甚至会造成伤害。

②土壤湿度：土壤含水量达60% ～80%时，最适宜根系生长。过干易使根

干枯，过湿则易缺氧而抑制根的呼吸作用，造成停长、腐烂死亡。

③土壤通气：土壤通气对根的生长影响很大，一般通气良好、根系发达；通气不良，根稀少，甚至停长；土壤紧实，影响根系的穿透和发展，内外气体不易交换而引起有害气体的累积，从而影响根的生长。

④土壤营养：在一般土壤条件下，其养分状况不至于造成羌活根系完全不能生长，但可影响根的质量。

（三）茎的作用、组成

茎由芽发育而来，是羌活的营养器官，地上部分的躯干，其上有芽、节和节间，着生叶、花、种子。

1. 作用

（1）是长叶和开花结果的器官；

（2）是输送水分和养分的通道。

2. 组成

羌活的茎分地上部分和地下部分，地上部分为茎，地下部分为根茎。

（1）根茎：圆柱形，有明显的节和节间，节上的叶已退化成鳞片状，或全部退化。

（2）茎：圆柱形，中空，茎上有分枝，它是由叶芽发育而成。

（四）叶的作用、组成

1. 作用

（1）是进行光合作用和制造有机养分的主要营养器官；

（2）同时叶片还具有呼吸作用；

（3）吸收和蒸腾水分的作用。

2. 组成

（1）叶柄：叶柄是叶片与茎的联系部分，其上端与叶片相连，下端着生在茎上，通常叶柄位于叶片的基部。

（2）叶片：叶面上有很多气孔，它是气体交换的主要通道，绝大部分的水以水汽形式从叶面扩散，从而调节植物体内温度的变化，促进水和无机盐的吸收。

（五）花

花由花芽发育而成，是种子植物特有的繁殖器官，通过传粉和受精的作用，产生果实和种子，以便使物种得以延续；羌活是显花植物，花序常为复伞形花序，子房下位，基部往往膨大成花柱基，即上位花盘。

（六）果

果实是由受精后的子房或连同花的其他部分发育而成，内含种子，果是由果皮和种子组成。

（七）植物生长的相关性

植物的细胞、组织、器官之间，有密切的协调，又有明确的分工；既相互促进，又彼此抑制，这种现象被称为生长相关性。

1. 地下根系和地上部分生长的相关性

羌活地上部分与地下部分存在密切的关系。正常生长发育需要的根系与茎叶，两者经常保持一定比值，这个比值可以反映出植物生长状况。温度、光照、水分等生态条件常可影响比值。通常情况下，光照强度增加，促进叶子的光合作用，增加光合积累，有利于根与茎的生长，但光照过强，对地上部分的生长会有抑制作用，从而增大根；土温适宜，昼夜温差大时，利于根及根茎类药材的生长；氮肥过多能降低比值，适当增施磷肥，利于根系发育，所以羌活在不同的生长时期应施不同的肥料。

2. 营养与生殖的相关性

营养生长主要指根、茎、叶等营养器官的生长。花、果实、种子等生殖器官的生长称为生殖生长。羌活同其他植物一样，生殖生长前均需进行一定的营养生长，营养生长是生殖生长的必要准备。营养生长与生殖生长两者难以截然分开，一般药用植物在生育中期，有一个相当长的时期，营养生长尚在继续，而生殖生长与之相并进行。此期间植物的光合产物既要供给生长中的营养器官，又要输送给发育中的生殖器官。由于花和幼果此时常成为植物体营养分配的中心，营养优先供给花与果，这样势必影响营养器官的生长。特别是以根及根茎入药的植物，花果多，花果期长，就会影响其产量和品质，所以羌活在花期一定要打花。如果生长中氮肥过多，光照不足，其碳氮比偏低，利于营养生长，但易引起倒伏或生殖生长受阻。

总之，羌活为多年生植物，其生长的前后具有连续性与相关性，任何一个生长发育时期，都和前一个时期有密切的关联，没有良好的营养生长就没有良好的生殖生长。

（八）羌活生长发育的平衡关系

1. 地下根系和地上部分生长的平衡

根系与地上部分关系非常密切，因为根系生长所需要的有机营养物质，主要由茎和叶光合作用制造，而地上部所需要的水分、矿物质元素，则需根系吸收供应，这种上下物质的运动和交换保持一定范围的动态平衡关系，这种平衡一旦遭到破坏，就必须建立起新的平衡。如地上部分受到破坏后则会长出新的枝叶等器官来恢复平衡；如地下部分的根系遭到破坏后，必然会长出新根，否则会影响地上部分的生长，如果根系长久不能再生，不能及时恢复平衡，植物就会衰弱而死，因此，应根据羌活根系和地上部分生长的特点，制定栽培措施，加强肥水管理，为根的生长创造良好条件。

2. 氮、磷、钾及微量元素对羌活的影响

人们往往重视大量元素肥料的施入而忽视微量元素对羌活生长的重要性，造成很多土壤中缺乏微量元素，这不仅影响羌活的健康生长，还不利于羌活品质的提高，甚至会造成土地肥力下降。羌活的生长不仅与大量元素有关，更离不开微量元素的加入，只有这些元素的平衡施入，才能获得高产和优产。

二、羌活的生态学特征

羌活既可以种子繁殖也可用根茎繁殖，每年春末秋初返青后生长迅速，生长期随海拔升高而减少，由于年生长期短，羌活根及根茎生长缓慢，从种子发芽至长成商品羌活需4～5年或更长时间。近年来对羌活生态学研究主要集中在对其生理作用方面的研究。研究指出，羌活种子具有双重休眠特性，发芽出苗困难，但是成苗后对环境的要求并不是很严格，认为可通过由高海拔地区向低海拔地区移栽羌活苗，进而提高有效种子比例，所以环境条件直接影响羌活的生长发育，最基本的因素是土壤、温度、光照和水分。

羌活喜凉爽阴湿气候，耐寒，在山区9月下旬地表结冻时仍可见到绿叶；苗期怕强光，喜肥，以酸性、中性土壤为宜，以下是植被及土壤对羌活和宽叶羌活的影响。

1. 植被和土壤特征对羌活和宽叶羌活分布的影响

羌活根系生长发育较差，一般较浅，深度多不超过20cm，多数只有较短的一段直根，但土壤氮素较差的情况下生长的羌活，得到的商品多为竹节羌；羌活种植在阴山较为湿润的环境时，植株生长发育较为迅速，长势良好，植株高大，节间距大，叶片和茎呈现绿色，茎纤维化程度低，而生长在光照较为充足的环境中时，植株矮小，节间距小，生长较为缓慢，叶片的颜色较深，很多叶片和茎偏深绿色带暗紫色，茎的纤维化程度高。在自然状态下，无论是在川西横断山区、还是在甘南和青海产区，羌活的分布主要集中在阴山和阴坡，在阳山和阳坡基本上没有羌活分布，这是由于羌活生长要求较稳定的水分条件所致。在阳山植被状况不如阴山，日照时间较长，气温较高，蒸发量大，土壤有机质矿化也较快，甚至没有枯枝落叶层、腐殖质层或地被层，从而土壤持水性能远远不及阴山，水分波动幅度大，因此这种环境不适合羌活生存。

相反，宽叶羌活根系发育较好，分布较深，一般深度在20cm以上，最深的达到40cm以上，能够在较深和较广的范围内吸收土壤中水分和养分。在自然分布中，宽叶羌活生长的土壤有机质含量较低，容重较大，土壤黏性较重，很少有砂土和砂壤土；另外宽叶羌活基本上靠种子繁殖，多为实生苗，极少无性繁殖，这是由于黏性较强的土壤有较高的保持水分的能力，可为宽叶羌活种子发芽提供稳定的水分。其生长环境一般是土层较为深厚、海拔较低、植被较好的地方，一般与羌活不重叠分布，土壤有机质状况一般且多没有腐殖质层和枯枝落叶层，有些地方土壤状况甚至低于耕地，多为实生苗单株。宽叶羌活比羌活更容易异地繁殖、人工繁殖和集约化栽培。

2. 植被和土壤特征对羌活和宽叶羌活商品形态的影响

羌活药材商品主要有蚕羌和竹节羌。羌活多分布在腐殖质层和枯枝落叶层中，即土壤剖面的O层（以粗有机物质为主的土层），较少根茎分布到A层（以腐殖化有机质为主的土层），极少有根茎分布到B层（充分发育的矿质为主的土层），如果是在针叶林的枯枝落叶层上面，可能根系较好，有须根和侧根。一般而言，药材商品中的蚕羌生于落叶阔叶林或针阔混交林的腐殖质层中，或者有丰富林下苔藓层的土壤中，植株多单生；竹节羌多产于针叶林枯枝落叶层土壤中，多丛生。

宽叶羌活土壤的有机质含量较羌活土壤稍低，主要是因为宽叶羌活的土壤多属于海拔较低、植被较差的黏性土壤，药材商品可分为大头羌和条羌。

3. 生态环境对药材成分的影响

羌活化学成分与生态环境、地理分布密切相关，羌活药材品质是基于特有生态条件与栽培技术的综合体现。

（1）活性成分与日照时数生态因子的关系　活性成分与日照时数均呈正相关。通过对比发现，日照时数与羌活中羌活醇的正回归系数大于异欧前胡素，而在宽叶羌活中，日照时数与羌活醇的正回归系数小于异欧前胡素。羌活为短日照植物，怕强光。

研究表明，羌活的表观量子效率显著高于宽叶羌活，说明羌活对弱光的利用能力强于宽叶羌活。羌活多生长在比宽叶羌活更高的海拔及较为隐蔽和阴冷的环境中，而宽叶羌活生长在相对开阔、光照较好的灌丛或针阔混交林中，即隐蔽的生境下弱光更弱，暴露的生境中强光更强，高海拔时羌活接受弱光日照时数长，羌活醇的积累高于异欧前胡素；而在相对海拔较低时，宽叶羌活接受强光日照时数长，异欧前胡素的富集高于羌活醇。

（2）活性成分与年降水量、海拔生态因子的关系　通过对比研究发现，年降水量及海拔均能促进羌活、宽叶羌活中羌活醇的积累，不利于异欧前胡素积累。羌活主要分布在高海拔地区（3200m以上），降水多，有利于羌活醇含量积累。宽叶羌活则主要分布在（1700m）海拔区，年降水量相对较低，有利于异欧前胡素的富集。

综上所述，日照时数、年降水量及海拔对羌活、宽叶羌活中活性成分累积起重要作用。在一定范围内，海拔越高，年降水量越大，越能促进羌活醇的积累，而不利于异欧前胡素的富集。

三、羌活的抗性特点

（一）羌活的抗寒能力强、抗旱能力差

羌活喜凉爽阴湿气候，抗寒能力较强，在山区9月下旬地表结冻时仍可见到绿叶，苗期怕强光，但抗旱能力较差。

宽叶羌活生长在海拔较低、开阔、光照较好的地方，抗旱能力较强，抗寒能力较弱。

（二）羌活的抗涝性差

羌活和宽叶羌活都要求有足够的水分保障，但两者均怕积涝，积涝使羌活的土壤通透性降低，易引起植物的烂根坏死。

第二节　主要栽培品种

一、宽叶羌活

1. 形态特征

（1）根　有发达的根茎，基部多残留叶鞘。

（2）茎　茎直立，少分枝，圆柱形，中空，有纵直细条纹，带紫色。

（3）叶　基生叶及茎下部叶有柄，下部有抱茎的叶鞘；叶大，三出式羽状复叶，有短柄或近无柄，末回裂片无柄或有短柄，长圆状卵形至卵状披针形，顶端钝或渐尖，基部略带楔形，边缘有粗锯齿，脉上及叶缘有微毛；茎上部叶少数，叶片简化，叶鞘发达，膜质。

（4）花　复伞形花序顶生和腋生；总苞片1～3，线状披针形，早落；小伞形花序，有多数花；小总苞片4～5，线形；萼齿卵状三角形；花瓣淡黄色，倒卵形，顶端渐尖或钝，内折；雄蕊的花丝内弯，花药椭圆形，黄色；花柱2，短，花柱基隆起，略呈平压状。

（5）果　分生果近圆形，背腹稍压扁，背棱、中棱及侧棱均扩展成翅，但发展不均匀；油管明显，每棱槽3～4，合生面4；胚乳内凹。

2. 经济特性

该品种是目前生产上的主栽品种，按照其外形及其商品性状，药材分为“大头羌”和“条羌”。亩产量一般在300～400kg。

二、羌活

1. 形态特征

（1）根　根茎粗壮，伸长呈竹节状。

（2）茎　茎直立，圆柱形，中空，有纵直细条纹，带紫色。

（3）叶　基生叶及茎下部叶有柄，下部有膜质叶鞘；叶为三出式三回羽状复叶，末回裂片长圆状卵形至披针形，边缘缺刻状浅裂至羽状深裂；茎上部叶常简化，无柄，叶鞘膜质，长而抱茎。

（4）花　复伞形花序，侧生者常不育；总苞片3～6，线形，早落；小伞形花序；小总苞片6～10，线形；花多数；萼齿卵状三角形；花瓣白色，卵形至长圆状卵形，顶端钝，内折；雄蕊的花丝内弯，花药黄色，椭圆形；花柱2，很短，花柱基平压稍隆起。

（5）果　分生果长圆状，背腹稍压扁，主棱扩展成翅，但发展不均匀；油管明显，每棱槽3，合生面6；胚乳腹面内凹成沟槽。

2. 经济特性

目前该品种为试栽培品种，尚缺乏成功的种植技术。按照其外形及其商品性状，药材分为“蚕羌”和“竹节羌”。其中，以“蚕羌”的品质相对较优，属于羌活药材中的优质品。

第三节　宽叶羌活种苗繁育技术

一、有性繁育

用种子繁育成的苗株叫实生苗，也叫播种苗。种子繁育优点是育苗技术操作简单经济、萌发率稳定等，适合宽叶羌活的种植。

（一）有性繁育的方法

宽叶羌活种子存在形态后熟和生理后熟的特点，传统春播导致种子萌发率不高。为了提高萌发率，常用以下两种繁育方法：

1. 沙藏育苗法

选择通风良好、无阳光直射、不积水的地方，挖深1m的方形层积池。尽量选用含土较少的河沙，用筛网筛去较大的石块，一般河沙用量为待处理种子体积的4～5倍。为了提高种子萌发率，种子前处理可用500mg/L赤霉素或200mg/L赤霉素+200mg/L细胞分裂素的混合液进行10小时浸泡处理。将筛选好的种子与沙子按照体积比1：5均匀混合，为防止种子腐烂每方沙子可加入多菌灵30～50g。层积时应注意在层积池底部铺上一层10cm厚的沙子，再将混匀后的种沙倒入池内，高度为距离地面10cm，再在其上铺一层10cm厚沙子，完成种沙的层积，注意沙子较为干燥时应加水，使沙子含水量控制在60%～70%。待

到翌年3月，将种沙挖出，准备春播。苗床一般做成高0.15m、宽1.2～1.4m的畦，畦面长度按地形而定，在畦面行距按每15cm挖5cm深、10cm宽的沟，将种子均匀撒入沟内，覆上细沙土，然后用耙平沟后，再轻拍实。注意遮盖麦草，起到保墒、遮阴的效果。播后保持苗床湿润，待苗出齐后及时挑松覆草，使幼苗生长不受影响；苗齐后第一次拔除杂草，苗高10cm左右即两叶一心及花叶期时进行第二次除草，以后保持苗床无杂草；除草后进行间苗定苗，按株距5cm左右间苗，留苗8万～10万株/亩。结合除草在阴雨天每亩施入尿素5kg。此方法可提高宽叶羌活育苗的萌发率，缩短种植时间。

2. 秋季直播法

9月中旬采收未完全成熟的种子（种子变为褐色未完全变为棕色时）。将种子放置在潮湿阴凉处，后熟5～7天，后熟处理后脱粒。期间凉摊厚度在5～8cm左右，每天翻动一次，发现发热现象及时摊开散热。然后将种子用15～25℃的温水浸泡20～30小时，浸泡期间每8小时换一次水。浸泡完成后反复搓洗、换水，完成9～12次换水后，将种子凉至不粘连即可播种。整地做畦，在畦面行距按每15cm挖5cm深、10cm宽的沟，将处理过的种子均匀撒入沟内，覆上细沙土，然后用耙平沟后，再轻拍实。有条件的可以播后浇一次透水。播后即用麦草覆盖在大田上，起到保湿、保温、荫蔽和防止土壤板结的作用。通过宽叶羌活种子形态后熟，冬季的变温条件导致生理后熟的过程后，种子萌发率极大提高，简化了羌活育苗过程。

（二）种苗采挖及贮藏

一般在10月中下旬采挖。采挖后按每把0.5kg扎把。在通风背阴处挖深30～40cm，宽1m左右的方形坑，把头朝上，按角度30º～40º在坑内一层苗把一层湿土，进行摆放，土层厚5cm以上，要求埋没前一层苗把根部。最后在坑顶覆盖一层土，厚10cm左右即可。

（三）宽叶羌活种苗的质量标准

王涛等对甘肃省宽叶羌活主产地的一年生种苗进行收集，结合生产实际对宽叶羌活种苗的单根鲜重、直径、根长及侧根数四项性状指标进行测定。四项性状指标通过聚类分析将所收集宽叶羌活种苗质量标准预分为三个等级，一级种苗，单根鲜重≥5.13g，根长≥24.11cm；二级种苗：单根鲜重≥2.43g，根长≥20.63cm；三级种苗：单根鲜重≥1.44g，根长≥16.92cm。种植试验证明等级越高的种苗出苗率越高，生产实践中应多选用一级和二级种苗，以此提高宽叶羌活药材的产量和质量。

二、无性繁育

利用植物的组织或器官：根、叶、茎等，在适宜的条件下，通过它的分化作用，再生完整植株的过程，也叫营养繁殖。主要有分根、扦插、组织培养等

多种方式。这种繁殖方法的最大优点是能够保持母本的优良性征。

（一）宽叶羌活无性繁育的种类

1. 根茎繁殖

一般选带芽的根茎，切成3cm的小段，按行株距30cm×25cm开沟，将根基放入沟中，覆土压填；一般在秋末或早春植物休眠期内进行。

2. 组培育苗

是指在无菌环境和人工控制条件下，在培养基上培养植物的离体器官（如根、茎、叶、花、果实、种子等）、组织（如花药、胚珠、形成层、皮层、胚乳等）、细胞（如体细胞、生殖细胞花粉等）和去壁原生质体，使之形成完整植株的过程。

（二）组培育苗的优点

目前，人工栽培宽叶羌活一般采用大田直播和育苗移栽方法。经过几代的种植，品质一般都出现不同程度的退化，抗病能力减弱，繁殖系数降低，其产量和有效成分均下降，导致栽培生产受到很大的限制。通过组培繁育不仅能提高繁育系数，还能适应大规模种植的需要和降低病毒对品质的危害。组织培养常用的方法有茎尖组培。

（三）宽叶羌活茎尖组培繁育

1. 茎尖组培的生物学特性

细胞的全能性学说：具有生命的植物体，都是由胚细胞经过重复分裂繁殖，在形态和生理上进行分化，产生植物体各部器官和组织，这种重复分裂而产生的每个细胞，潜存着胚细胞的全部基因，都保持着和细胞分裂初期一样的遗传物质，具有再生植物体各器官和组织的遗传信息。这种学说为植物器官繁殖提供了理论依据。

2. 茎尖组培的原理

组织培养所采用的植物茎段位于茎尖分生组织，即植物生长点的组织。这部分植物细胞分裂旺盛，尚未分化成具有导管的成熟组织。细菌或病毒在植物组织中的扩散一般要借助疏导组织的导管通道，因此可以说致病微生物的传播速度赶不上植物茎尖的分裂速度。这样采用无毒的茎尖进行无菌组培，产生的组培苗自然就是健康的脱毒苗了。

3. 茎尖组培的操作

利用植物器官的再生机能，从宽叶羌活顶端分生组织切取茎尖（0.2mm以下），在适宜条件下诱导愈伤组织，然后从愈伤组织再分化产生芽，最后培育出与母体完全相同的植株。

第四节　宽叶羌活的移栽

一、不同基质下的宽叶羌活移栽

王涛2013年在甘肃对不同培养基质下宽叶羌活种子萌发、幼苗生长和移栽后的动态变化进行了监测。发现培养基质不同，会影响宽叶羌活种子的出苗，蛭石和细沙等较单一的疏松基质出苗快，但是出苗率低；疏松程度适宜并含有营养成分的混合基质出苗时间比单一的疏松基质稍长，但是其出苗率高，并且长出第一片叶和5～6片叶的时间也比较短。通过对不同基质长出的宽叶羌活幼苗的生物量进行测定，疏松度适宜含有营养成分的混合基质长出的宽叶羌活幼苗的生物量最大。

出苗移栽后，经过大田生长的适应过程，幼苗生长速度明显加快，干物质迅速积累，总体来说，8月末宽叶羌活的株高、地上部分鲜干重最高，但之后，由于天气转凉，营养回落转移，宽叶羌活地上部分的干物质逐渐减少，而地下部分继续增长。9月宽叶羌活的根长、根茎直径、根鲜干重在这个时期达到最大值。蛭石+细沙+营养土（1∶1∶1）混合基质育苗移栽后效果最佳，其次为蛭石+营养土（1∶1）混合基质、营养土、蛭石、细沙。有机质含量丰富和疏松的土壤环境有利于宽叶羌活种苗的生长发育，在苗期形成的营养优势直接影响着移栽后生物量的积累。

二、不同覆盖方式的宽叶羌活移栽

2013年，王涛在对不同覆盖方式对宽叶羌活种苗繁育的影响进行研究时发现，采用拱棚覆盖、地膜覆盖、细沙覆盖和麦草覆盖4种覆盖方式对宽叶羌活的种苗的生长都有促进作用，繁育效果都优于露地播种。通过进一步分析发现，以地膜覆盖处理效果最佳，其次是拱棚覆盖、麦草覆盖、细沙覆盖。但在不同的月份，宽叶羌活种苗的生长态势有所不同，在早春阶段，宽叶羌活种苗生长态势优劣依次为拱棚覆盖、地膜覆盖、细沙覆盖、麦草覆盖、露地播种。这是由于在早春阶段，四种覆盖方式均有保温保墒的作用，尤其是拱棚覆盖，还有提高局部空间温度的作用，但在高温阶段撤去拱棚之后，其生长态势逐渐弱于地膜覆盖，细沙覆盖在早春阶段可以提高地表温度，有利于宽叶羌活种子的出苗，但在高温阶段，由于地表温度过高对种苗的茎有灼伤的危害，影响了种苗的正常生长发育。麦草覆盖在早春低温阶段对土壤有保温作用，在夏季高温时又有降低土壤温度作用，在后期腐烂形成有机质，增加土壤中的养分，对宽叶羌活种苗的生长有一定的促进作用。土壤表层添加覆盖物，可以改变土壤温度和水分循环，进而改善了土壤表层的微环境和土壤容重，从而促进宽叶羌活种苗的生长发育。

细沙覆盖处理虽有优势，但在高温阶段处理不好会对种苗造成灼伤，所以不适合作为宽叶羌活种苗生长的覆盖材料，并且长期使用会改变土壤结构，导致土壤沙化；麦草来源充足方便并且对环境没有破坏，长期使用返还土壤有利于土壤养分循环，丰富土壤中微生物的种类，是比较理想的覆盖材料，但是其单独使用时效果不明显，并且在大风天气容易被吹散。

三、不同密度的宽叶羌活移栽

韩春丽在甘肃天祝地区对不同移栽密度下的宽叶羌活产量及品质进行了对比，发现移栽密度对宽叶羌活的移栽成活率、地上部生长指标、叶面积指数和叶面积持续期、地下部生长指标、产量、品质和经济效益均有显著影响。适宜的密度能提高宽叶羌活移栽成活率，密度过大显著降低成活率。随密度增大，宽叶羌活株高降低，叶片减小，根变短，侧根数减少，单根重和主根长降低，密度过大或过小都不利于宽叶羌活叶片数和主根粗的增长。在适宜的密度范围内，随着移栽株距的加大，宽叶羌活的产量和干物质积累量显著增加。随着移栽株距加大，产量呈上升趋势，株距为20cm时产量最高，当株距超过增产的最高临界点以后，经济效益就会减少。行距25cm和株距20cm的处理，宽叶羌活地上部分生长健壮，根部发育良好，商品性状优异，产量和经济效益高。通过对甘肃省武威市天祝县栽培宽叶羌活的定植密度研究，结果显示移栽行距在

25cm，株距20cm以上为宜（见表3-1）。

表3-1　不同移栽密度对宽叶羌活品质和产量的影响

处理 Treatment	香豆素类化合物含量 异欧前胡素 Iscimperatorin （%）	 羌活醇 Notoptcrol （%）	总含量（%） Total contents （%）	浸出物含量 Extract contents （%）	挥发油含量 Essencial oil Contents （%）
10cm	2.112	0.009	2.121	14.32 ± 0.43b	0.010 ± 0.0001bd
20cm	2.821	0.009	2.830	15.66 ± 0.20a	0.028 ± 0.0002c
30cm	2.630	0.010	2.640	17.84 ± 0.38a	0.025 ± 0.0011dc
40cm	2.623	0.008	2.631	17.88 ± 0.28b	0.021 ± 0.0001c
50cm	2.261	0.009	2.270	17.91 ± 0.23c	0.019 ± 0.0008a

注：数据为平均数 ± 标准差，同列不同小写字母表示在$P<0.05$差异显著，不同大写字毒表示在$P<0.01$差异极显著

移栽株距 Transplant space （cm）	小区鲜重 Plot Fresh weight （kg）	折干率 Drying rate （%）	折合鲜重 Fresh weight （kg/hm^2）	折合鲜重Dry weight（kg/hm^2）	产值 Production value （元/公顷）
10	25.89	24.96	25887.90	6461.62 ± 0.07b	129232.40
20	27.32	24.89	27317.44	6799.31 ± 0.12a	135986.20
30	25.43	24.90	25430.56	6332.21 ± 1.03b	126644.20
40	24.09	25.00	24089.68	6022.42 ± 1.32c	120448.40
50	23.68	24.93	23678.82	5903.13 ± 0.79cd	118062.60

注：宽叶羌活的价格按照20元/千克行计算

图3-5 宽叶羌活移栽第二年

第五节 宽叶羌活综合施肥技术

通常条件下，土壤中可利用的氮、磷、钾往往难以满足宽叶羌活的生长需求，尤其是那些对肥料要求较为严格的中药材更是如此，宽叶羌活就是一种喜肥的植物，因此，以施肥的方式补充土壤氮、磷、钾含量是实现宽叶羌活优质高产的有效措施之一。

一、宽叶羌活常施用的肥料

针对羌活喜湿耐寒、喜肥的特点，结合“冷土上热肥，热土上冷肥”的施肥方法，有机肥作为底肥要施足，同时要合理施用无机肥。

（一）常用有机肥料

1. 人粪尿

人粪尿是富含氮素的热性肥料，具有肥效良好而持久、改良土壤和成本低等优点，可作追肥与基肥。但人粪尿中含有大量的病菌、虫卵和其他有害物质，如果不进行无害化腐熟处理，就会污染土壤、空气、水源以及农作物，进而传播疾病。使用前必须经过腐熟发酵。禁止与草木灰混存或晒制粪干，以防止氨的损失，污染大气环境。

2. 猪粪尿

猪粪尿是性质柔和的温性肥料。比较容易腐熟，腐熟过程中形成大量腐殖质和蜡质，且高于其他畜肥，再加上其离子交换量较高，施入土壤后能增加保水、保肥的性能，蜡质对抗旱保墒也有一定的作用。

3. 羊粪

羊粪属热性肥料，特点有机质多，肥效快。宜和猪粪混施，适用于阴坡地。可加入秸秆、锯末屑、蘑菇渣、干泥土粉等按适当比例混合腐熟。

4. 牛粪

牛粪的肥效释放迟缓，属于冷性肥料。牛粪宜加入秸秆、青草、泥土等，或加入马粪、羊粪等热性粪肥来促进牛粪腐熟。腐熟好的牛粪宜作基肥。

5. 鸡粪

鸡粪在所有禽畜粪便中养分最高、最全面热性肥料。禽粪很容易招致地下害虫，且尿酸态氮不能被作物直接吸收利用，须经充分腐熟后才能施用。禽粪最好作追肥施用。

6. 堆肥

堆肥是一种有机肥料，所含营养物质比较丰富，且肥效长而稳定，同时有利于促进土壤团粒结构的形成，增加土壤保水、保温、透气、保肥的能力，而且与化肥混合使用又可弥补化肥所含养分单一、长期使用使土壤板结、保水保肥性能减退的缺陷。堆肥是利用各种植物残体（作物秸秆、杂草、树叶、泥炭、垃圾以及其他废弃物等）为主要原料，混合人畜粪尿经堆制腐解而成的有机肥料。由于它的堆制材料、堆制原理和其肥分的组成及性质和厩肥相类似，所以又称人工厩肥。

7. 沤肥

利用作物茎秆、绿肥、杂草等植物性物质与人粪尿同置于积水坑中，经微生物发酵而成的肥料。肥效迟缓，持续时间长，养分损失少。

（二）常用无机肥

无机肥通常称作化肥，它具有成分单一，有效成分含量高，易溶于水，分解快，易被根系吸收等特点，故称速效性肥料。宽叶羌活种植常用的化肥有：

尿素、磷酸二铵、硫酸钾等复合肥。

（三）叶面肥料

叶面施肥又称根外施肥，将肥料溶解于水中，用喷雾器选择晴天无风的傍晚或阴天喷洒于植物叶面上。此方法见效快，喷洒5小时后，植物开始吸收。能持续7～10天，一般最后一次应该在收获前20天左右进行，以免肥料残留。

二、宽叶羌活种植的施肥技术

水肥对宽叶羌活的产量及其品质有着重要作用。施肥时应注意化肥中氮、磷、钾各组分的配比。尹红芳等通过不同比例的氮、磷肥配施，在施肥量为每亩纯氮10kg、纯五氧化二磷5kg的情况下宽叶羌活产量最高，且根茎内浸出物、挥发油含量最高。研究表明钾肥对宽叶羌活株高和复叶数没有明显影响，而对其根茎粗细、侧根数、地上部分干重、根长、最大叶长、最大叶宽和根部干重都有一定促进作用。随着钾肥施用量的增加，药材产量、挥发油含量、浸出物含量都逐渐增加，钾肥施用量为每亩10kg时达到最大值。

（一）施肥方法

1. 基肥

当年10月中下旬种苗采挖后移栽或第二年3月下旬移栽。大田施肥以有机肥为主，有机肥中氮、磷、钾总量占总施肥量的60%以上，化肥为辅，而且基肥都必须均匀深施。施肥方法：结合播前翻耕整地施足基肥。每亩施腐熟有机肥4000～5000kg、配合施用磷酸二铵30kg或尿素20kg、过磷酸钙40kg。

2. 第一次追肥

在春季苗高10cm左右时，结合中耕除草，在行间进行沟施。每亩追施尿素5～10kg。

3. 第二次追肥

在夏季苗高30cm左右时，再次结合中耕看苗酌量追施。每亩可在行间沟施尿素10kg、过磷酸钙40kg。这次施肥同样用氮、磷、钾混合施肥，相对以氮肥为主，施肥量占全年总量的20%左右。

4. 叶面施肥

一般在羌活生长的中后期（开花结实期）选用磷酸二氢钾兑水浓度0.4%进行施肥。

三、羌活GAP规范化种植禁止使用的肥料

《中药材生产质量管理规范》严禁使用城市垃圾肥、医院的粪便、垃圾和工业垃圾作为肥料，禁止使用未经腐熟发酵的有机肥料，禁止使用含有放射性元素、重金属元素的化学合成肥料、硝酸态肥料、含氯离子的肥料等。

第六节 宽叶羌活的土壤综合管理技术

一、种植选地

不同种类的药材具有不同的生长特性，因此根据土壤的特性，选准选好土质，是种植中药材关键的一步。适宜的土质，种出的药材不但质量好、产量高，增产增收，而且还合理地利用了土地资源，一举两得。

羌活和宽叶羌活生长的土壤，按照传统分类主要有棕色针叶林土、褐土、褐棕壤、灰棕壤、棕壤、泥炭土、高山亚高山草甸草原土等，在系统分类上这些土壤主要属于有机土、雏形土与淋溶土。其中羌活分布的土壤的主要特点是有机质含量极高或较高、一般有枯枝落叶层和腐殖质层，土壤颜色为黑色、黑褐色至棕色，土壤通透性良好，土壤容重较小、土质较疏松。宽叶羌活分布的土壤一般没有凋落物层或者凋落物层较薄，主要是淋溶土和雏形土，土壤容重较大，而且多是黏性土壤。

（一）宽叶羌活种植选地

宽叶羌活，其生长海拔较羌活低，海拔范围也较大，对环境及土壤条件的要求较为宽松。宽叶羌活移栽存活率及种子的出苗和存苗率均较高，其生长的环境条件特点是水分条件有保障，热量条件较好，光照较为充足，有机质含量较低，全氮和碱解氮含量较高。宽叶羌活主要药材商品是大头羌和条羌，大头羌是宽叶羌活的根茎部分，条羌是宽叶羌活的主根和侧根。

（二）羌活种植选地

羌活喜阴冷、耐寒、怕强光、喜肥，适宜于湿寒气候。多生于海拔2000～4000m的林缘、灌丛下、沟谷草丛中。土壤阴湿且富含有机质的高山灌丛草甸土、山地林区土为主，在枯枝落叶较少、有机质贫乏的土壤中鲜有羌活分布。羌活主要分布集中在阴山和阴坡，因为羌活生长需要较稳定的水分条件。羌活产地（种植）生境与野生羌活相似度达90%～100%则确定为羌活的最适宜产地，80%～90%为羌活的较适宜产地。

二、宽叶羌活间（套）种

（一）间（套）种年限

宽叶羌活种子种植后4～5年方可采挖，为更好利用土地，提前一年春季与农作物混播复种，使羌活种子在土壤中完成后熟，第二年正常出苗。这样既保证了当年农作物的产量，又保证了羌活种子入土后的正常休眠，达到了按期出苗的目的。

（二）间（套）种面积

在宽叶羌活种子入土正常休眠期间，间（套）种农作物，其间（套）种面积100%。羌活的播种一般采用撒播以及条插两种方式，撒播指的是在套种作物播种完成之后，将羌活种子撒播在地表，耱地、镇压；条播指的是在套种作物播种完成之后，挖深1～2cm、行距30cm的条沟，并将种子带沙均匀地播入沟内。待种苗长出，停止间（套）种农作物，忌连作。

（三）间（套）种作物

禾谷类（小麦、燕麦），豆类（蚕豆），油菜作物均可间（套）种。且蚕豆茬口促进羌活根、叶片、茎长的生长及生物量的增加作用明显高于小麦田和油菜田的促进作用，因此间（套）种豆类较好。

三、土壤耕作

科学合理的土壤耕作不仅是为了松土灭草，也是防治病虫害的重要农业措施之一。

（一）待苗期

按套种农作物的要求，进行田间浇水、追肥、除草、防治病虫草鼠害等工作。气候均温降至3℃时冬灌，灌足、灌透，冬季碾地镇压，待羌活苗长出。

（二）幼苗移栽

宽叶羌活苗春、秋季均可移栽。秋季移栽好于春季，且可缩短种植年限。将腐烂、有病虫害、割伤、折断的苗除去，留健康种苗移栽。春季土壤解冻后或秋季土壤封冻前，选择排水良好，土质疏松的地块，深翻35cm以上，精细整地，结合整地施入优质农家肥，耙平耱细，移栽时用一年生壮苗，采用地膜覆盖人工移栽技术，将种苗斜放穴内，苗头向上稍压入土，移栽深度以苗头距土面2～5cm为宜。

（三）查苗补苗

移栽后及时查苗补苗，发现有缺苗断垄时，可带土移栽补苗，补栽后及时灌水。苗高6～7cm时，根据行距、株距进行定苗、间苗、补苗，然后灌水1～2次。

（四）中耕锄草

一般杂草具有较强的繁殖和生长能力，会与羌活植株争夺阳光、水分、空间及营养成分等，从而影响羌活的正常生长，甚至会引发羌活植株的病虫害。因此，必须要进行中耕除草工作，创造良好的羌活生长环境。羌活苗期长，容易滋生杂草，在长出真叶后应及时进行中耕除草，中耕时要做到苗旁浅、行间深，杂草不能带根拔除，要用剪刀从杂草基部剪除，防止带出或损伤羌活幼苗。以后视杂草生长情况进行不定期除草。

（五）土壤培肥

宽叶羌活的根茎内储存有大量的养分，因此，在羌活种植期间不需要进行高频率、大量的施肥，只要保证氮磷钾肥的供应即可。氮肥应在幼苗时期施用，以促进其生长；磷肥既可作为基肥又可作为追肥；钾肥一般用于追肥，在羌活生长的中后期施用。总体而言，在肥料的施用上应按照“薄肥勤施”的原则进行。

（六）及时灌水

宽叶羌活喜阴湿、耐寒，因此，土壤应及时浇水。出苗期间要小水勤浇，幼苗期需保持土壤湿润，要轻浇、勤浇，保持土壤表面潮湿以利全苗。灌水时间一般在清晨和傍晚，清晨灌水越早越好，傍晚灌水在19:00以后，灌水以地面保持湿润为宜，切忌中午高温天气灌水。苗高16cm时灌2次水，每次间隔半个月左右，灌水不能太多，具体以土壤墒情为准，使土壤含水量保持在60%～80%，冬季气温降到5℃时灌越冬水。第二年和第三年视墒情在返青期和封垄前后灌3～4次水。

第七节　宽叶羌活田间管理档案

一、建立田间管理档案

田间管理档案就是把大田的使用情况、植株的生长发育情况、种植管理技术及日常作业等情况，以表格的形式系统地记录下来，作为档案资料。通过建

档，可以掌握植物的生长发育规律，分析总结育苗技术经验，探索植株、土地和气候环境三者间的关系和对产出的影响，同时提出合理种植方案，指导种植生产。并从生产环节监管羌活的质量安全，达到产品质量可追溯的目的。

（一）田间管理档案的主要内容

田间档案内容包括各项作业区的面积，地形地貌，土质，品种、育苗方式，作业方式、耕作整地方法，浇水、施肥的次数和用量以及病虫害的种类，药材的产量和质量等逐年加以简要记载，归档保管备用。

（二）建立土地利用档案

目的在于记录土地的耕作、轮作及利用情况，以便从中分析种植不同作物土壤肥力变化与耕作之间的关系，为合理轮作、科学经营宽叶羌活种植提供依据。

（三）建立育苗措施档案

每年度记录种苗培育的全过程，即从繁育播种开始到定植为止的一系列技术措施，以表格形式，记录播种时间、播种量、播种前处理、出苗时间、留苗密度，流水施肥等信息。根据这些资料可以分析总结育苗经验，提高育苗技术。

（四）建立物候期资料档案

观察并记录宽叶羌活不同生长发育阶段相关的气象因素，包括气温、地温、湿度、降水量、光照、日照时数，自然灾害等信息。探索宽叶羌活生长过程与周围环境条件的关系，分析气候的变化对宽叶羌活种植的影响。

（五）记录田间作业日记

填写田间作业日记，不仅可以记录每天所做的工作，还可以根据作业日记，统计各育苗方法、田间管理用工量和物质材料的使用情况，从而为核算成本、制定合理的生产管理定额、提高生产效能提供依据。

二、田间管理档案管理制度

1．要求技术员在田间做到边观察边记录，观察要认真仔细，记录要及时准确。

2．一个生产周期结束后，及时进行资料汇总，整理分析总结，以便从中找出规律，指导宽叶羌活的种植。

3．按照材料形成时间的先后或重要程度，连同总结及分类，整理装订，登记造册，归档并长期保存。

第八节　宽叶羌活病虫害

宽叶羌活病虫害的防治应以“预防为主，综合防治”的原则，按照病虫害发生的规律科学合理采用防治措施，选用高效、低毒、低残留的农药，有效控制病虫害。

一、羌活的主要病害

1. 根腐病

根腐病是由真菌、线虫、细菌引起的病害。主要是通过土壤内水分、地下昆虫和线虫传播。

根腐病主要危害宽叶羌活幼苗，成株期也能发病。发病初期，仅仅是个别支根和须根染病，并逐渐向主根扩展，主根感染病菌后，早期植株症状表现并不明显，后随着根部腐烂程度的加剧，吸收水分和养分的功能逐渐减弱，地上部分因养分供应不足，新叶首先开始发黄，在中午前后光照强、蒸发量大时，植株上部叶片出现萎蔫，但夜间又能基本恢复。随着病情逐渐加重，萎蔫状况夜间也不能再恢复，整株叶片发黄、枯萎。此时，根皮变为褐色，并与髓部分离，最后药材根部腐烂，全株死亡（图3-6、图3-7）。

图3-6　宽叶羌活根腐病

图3-7　宽叶羌活根腐病植株

（1）防治方法　移栽前可用1：1：150波尔多液（硫酸铜：生石灰：水）进行种苗浸泡，十分钟后定植。发病时用40%药材病菌灵或70%甲基托布津可湿性粉剂800～1000倍液灌根，根系土壤湿润为止。

（2）种植注意事项

①在畦两侧开沟时，不宜靠近宽叶羌活根部，以免伤及根系引发病害。

②为避免大量积水引发此病，应选择相对平整的土地种植。

③施腐熟有机肥、钾肥、磷肥，以增强抗病能力。

④育苗选择与上年不同作物的耕地作苗床，倒茬种植。

⑤选育优良健壮的宽叶羌活植株留种，提高抗病能力。

2. 褐斑病

主要由立枯丝核菌引起的一种真菌性病害。夏初开始发生，秋季危害严重，高温高湿、光照不足、通风不良、连作等均易引发此病。

真菌性病害，通常由下部叶片开始发病，逐渐向上部蔓延，初期为圆形或椭圆形，紫褐色，后期为黑色，直径为5～10mm，界线分明，严重时病斑可连成片，使叶片枯黄脱落，影响开花。该病全年都可发生，单株受害叶片、叶鞘、茎秆或根部，出现梭形、长条形、不规则形病斑，病斑内部青灰色水浸状，边缘红褐色，以后病斑变成黑褐色，腐烂死亡（图3-8）。

（1）防治方法　用多菌灵1200～1500倍，每天喷施1次，连续3～5次。

（2）种植注意事项　在高温高湿天气来临之前或其间，要少施或不施氮肥，保持一定量的磷、钾肥，避免串灌和漫灌。

图3-8　褐斑病

3. 叶斑病

叶斑病菌属假单胞杆菌，病菌菌体短杆状，有荚膜，无芽孢。连作、过度密植、通风不良、湿度过大均易发病。叶斑病菌主要在植物病残组织和种子上越冬，成为下一生长季的初侵染源。病菌多数靠气流、风雨、昆虫传播。

叶斑病主要危害植物的叶片，叶片受害初期产生黄褐色稍凹陷小点，边缘清楚。随着病斑扩大，凹陷部变成深褐色或棕褐色，边缘黄红色至紫黑色。单个病斑圆形或椭圆形，多个病斑融合成不规则大斑。

（1）防治方法　可用70%甲基硫菌灵可湿性粉剂600倍液或43%戊唑醇2500倍液喷雾防治。也可用40%多菌灵或70%甲基托布津可湿性粉剂800～1000倍液喷雾防治。

（2）种植注意事项

①在农作物收获后，及时翻耕，实行轮作。

②选育优良健壮的羌活留种。

③及时除掉发病严重的植株，并集中烧毁。

二、羌活的主要虫害

1. 蚜虫

蚜虫，又称腻虫、蜜虫，是一类食植物性昆虫，蚜虫的大小不一，身长从1～10mm不等。蚜虫是对农作物最具破坏性的害虫之一。蚜虫为刺吸式口器的害虫，常群集于叶片、嫩茎、花蕾、顶芽等部位，刺吸汁液，使叶片皱缩、卷曲、畸形，严重时引起枝叶枯萎甚至整株死亡（图3-9）。

图3-9　羌活叶面蚜虫

（1）防治方法　用70%啶虫脒6000倍液或10%吡虫啉1500倍液喷雾防治。也可用辛硫磷1000倍液或杀灭菊酯3支兑水50kg喷雾防治。

（2）农业防治

①清除田间病害植株，及时集中烧毁。

②保护蚜虫的天敌，如瓢虫、食蚜蝇、草蜻蛉、寄生蜂等，对蚜虫都具有很强的抑制作用。要尽量少喷洒广谱性杀虫剂和避免在天敌多的时期喷洒，以保护天敌，利用天敌消灭蚜虫。

2. 蛴螬

蛴螬是金龟甲的幼虫，别名白土蚕、核桃虫。成虫通称为金龟甲或金龟子。蛴螬体肥大，体型弯曲呈C型，多为白色，少数为黄白色。头部褐色，上颚显著，腹部肿胀。体壁较柔软多皱，体表疏生细毛。头大而圆，多为黄褐色，生有左右对称的刚毛，刚毛数量的多少常为分种的特征。

危害多种植物和蔬菜，按其食性可分为植食性、粪食性、腐食性三类。其中植食性蛴螬食性广泛，危害多种农作物和花卉苗木，喜食刚播种的种子、根、块茎以及幼苗，是世界性的地下害虫，危害很大。蛴螬生长期专食宽叶羌活根茎及沿叶柄或者花茎向上的部分，直至植株枯萎甚至死亡。

（1）防治方法　用50%辛硫磷乳油每亩200～250g，兑水10倍喷于25～30kg细土中拌匀制成毒土，顺垄条施，随即浅锄，或将毒土撒于种沟，随即翻耕或混入厩肥中施用；发病时用90%晶体敌百虫1000～1500倍液灌根。

（2）生物防治　在蛴螬卵期或幼虫期，每亩用蛴螬专用型白僵菌杀虫剂1.5～2kg，与15～25kg细土拌匀，在作物根部施药，随后浅锄，浇水更好。此法高效、无毒无污染，以活菌体施入土壤，效果可延续到下一年。

（3）物理防治　用黑光灯或汞灯诱杀成虫。

（4）种植注意事项

①不施未腐熟的有机肥。

②精耕细作，及时镇压土壤，清除田间杂草。

③秋冬翻地可把越冬幼虫翻到地表使其风干、冻死或被天敌捕食。

3. 地老虎

属夜蛾科昆虫，头、胸部背面暗褐色，足褐色，前足胫、跗节外缘灰褐色，中后足各节末端有灰褐色环纹。成虫口器发达，多食性作物害虫。主要以幼虫危害幼苗，幼虫多在土表或植株上活动，昼夜取食植物叶片、心叶、嫩头、幼芽等部位，常将作物幼苗齐地面处咬断，使整株死亡。危害人参、西洋参、贝母、细辛、龙胆、桔梗、宽叶羌活等多种药材，为幼苗期的主要害虫。

防治方法：可用50%辛硫磷乳每亩100～150g，兑水20kg，拌细土或细沙200kg配成毒土，结合施厩肥、中耕除草等措施进行防治。发病期可用50%辛硫磷乳油1000倍液灌根防治。

三、疫情和病虫害监测

宽叶羌活病虫害监测应当采用定期和不定期的方法。定期监测周期按照宽叶羌活发育时期的不同，采用不同的监测频率，苗期每3天监测一次，两年生及以上每2天监测一次；不定期监测，每月不得低于5次。

病虫害预警预报标准为病虫害发生率达到1%时，为预警预报限制标准；当病虫害发生率达到1%以上即达到全面防治标准。

防治效果判断标准：病虫害防治效果达到60%以上为防治初步效果，防治效果达到98%以上则为达到全面控制防治效果。

四、羌活病害研究资料

1. 羌活壳二胞褐斑病

①症状：主要为害叶片，初期出现淡褐色小点，后扩展成中型（8～12mm）圆形、近圆形病斑，上生稀疏的小黑点，即病菌的分生孢子器。

②病原：病原菌为由有丝分裂孢子真菌壳二胞属欧当归壳二胞［*Ascochyta levistici*（Lebedeva）Melnik］。分生孢子器近球形，黑色，直径98.5～120.9（112.9）μm，高89.6～112.0（104.8）μm，孔口明显。分生孢子无色，长椭圆形，花生型，棒状，两端圆，具1个隔膜，隔膜处隘缩，大小14.2（11.8～17.6）μm×

4.3（3.5～4.7）μm，每个细胞内有1～2个油滴。

③病害循环及发病条件：病菌以分生孢子器在病残体上于地表越冬。翌年，温湿度条件适宜时，分生孢子借风雨传播，引起初侵染，病部产生的分生孢子可再侵染，发病率<1%。

2. 羌活白粉病

①症状：主要为害叶片，叶片两面均受害，叶面初生近圆形白色小粉斑，后扩大至全叶，覆盖稀疏的白粉层。后期粉层中散生很多黑色小颗粒，即病菌的闭囊壳。

②病原：病原菌为真菌界子囊菌门白粉菌属独活白粉菌（*Erysiphe heraclei* DC）。闭囊壳近球形，黑褐色至黑色，直径85.1～125.4（99.3）μm。附属丝周生，最少10根，顶端有1～2次二叉状分枝。总长50.6～110.5（57.0）μm，主轴长22.3～30.6（26.5）μm，粗4.7μm。第1次分枝45.5（40.0～52.9）μm×3.7（3.5～4.1）μm，第2次分枝36.5（32.9～40.0）μm×3.4（2.4～4.1）μm，分枝部位不定，有些在中下部，有些在中上部。闭囊壳内有子囊2～3个，偶有1个。子囊近卵形、袋形，大小68.2（52.4～83.5）μm×44.2（27.1～60.0）μm。子囊内有子囊孢子2～4个，卵圆形、长椭圆形，淡黄色或无色，大小差异较大。有些为23.9（20.0～28.2）μm×13.2（10.6～16.5）μm，有些为34.8（28.2～38.8）μm×13.3（11.8～15.3）μm。

③病害循环及发病条件：病菌以闭囊壳随病残体于地表越冬。翌年，条件适宜时侵染寄主。病部产生的分生孢子借风雨传播，可多次进行再侵染。7月中下旬发生，8～9月为发病高峰，9月中旬至10月上旬产生闭囊壳。植株稠密郁闭处发生较重，发病率41.5%，严重度3级。

3. 羌活链格孢灰斑病

①症状：主要为害叶片。叶面初生淡褐色小点，后扩大呈中小型（1～10mm）圆形、近圆形、不规则形病斑，边缘深褐色，较宽，中部灰褐色，易破裂。小型病斑边缘紫褐色，较窄，隆起，中部白色、灰白色，上生黑色小丛点。

②病原：病原菌为真菌界半知菌亚门链格孢属巴斯基链格孢（*Alternaria burnsii* Uppal）。分生孢子梗3～5根丛生，褐色，屈膝状，多隔，有分枝，基部较粗，上部细，大小49.2（30.6～61.2）μm × 4.6（4.1～5.6）μm。分生孢子倒棒状，淡褐色至深褐色，中部较宽，具横隔膜2～5个，及少数纵斜隔膜，隔膜处稍缢缩，孢身31.4（22.3～40.0）μm × 11.3（7.1～14.1）μm。喙长22.0（9.4～43.5）μm × 4.7（2.4～7.1）μm。

③病害循环及发病条件：病菌以菌丝体及分生孢子随病残体在地表或土壤中越冬。翌年条件适宜时，分生孢子借风雨传播，引起初侵染。降雨多有利于孢子的萌发和侵染。

4. 羌活壳针孢叶斑病

①症状：叶面产生中小型褐色近圆形病斑，其上产生黑色小颗粒，即病菌的分生孢子器。

②病原：病原菌为有丝分裂孢子真菌壳针孢属白芷壳针孢（*Septoria dearnessii* Ell. et Ev.）。分生孢子器扁球形、近球形，黑褐色，直径89.6～156.8（126.3）μm，高80.6～147.8（116.5）μm。分生孢子针形，直或稍弯曲，隔膜不清，大小24.4（17.1～30.6）μm × 1.2（1.0～1.2）μm。

③病害循环及发病条件：病菌以分生孢子器随病残体于地表越冬。翌年，温湿度条件适宜时，病菌以分生孢子侵染寄主。

5. 羌活角斑病

①症状：叶面初生褐色小点，后扩大为近圆形、多角形褐色病斑，明显隆起，呈细绒状，后期在有些病斑上形成灰褐色、圆形小斑点，边缘褐色，稍下陷，上生黑色小颗粒，即病菌的子囊壳。

②病原：病原菌为真菌界子囊菌门格孢腔菌（*Pleospora* sp.）。子囊壳球形、近球形、褐色，直径80.6～152.3（123.6）μm，高71.7～143.3（115.5）μm。内有多个子囊，子囊椭圆形、半球形，双层壁，顶部较厚，基部较薄，大小61.8（47.0～74.1）μm × 34.4（23.5～47.0）μm。内有子囊孢子6个，椭圆形、长椭圆形，褐色，多有4个横隔膜，少数为3～5个，纵隔膜与横隔膜交叉时呈

“王”字形，隔膜缢缩，大小30.2（22.3～41.2）μm×14.3（11.8～18.8）μm，孢子在子囊内排列不规则。

③病害循环及发病条件：病菌越冬情况不详。发病率85%，严重度1～2级。

6. 羌活茎点霉条斑病

①症状：茎秆上产生长短不等的褐色条斑，其上有黑色小颗粒，即病菌的分生孢子器。

②病原：病原菌为有丝分裂孢子真菌茎点霉属（*Phoma* sp.）。分生孢子器球形、近球形，黑色，直径94.1～125.4（104.1）μm，高71.7～107.5（91.8）μm。分生孢子单胞，无色，椭圆形，大小4.1（3.5～4.7）μm×2.4（2.4～2.9）μm。

③病害循环及发病条件：病菌以分生孢子器随病残体于地表越冬。翌年条件适宜时，分生孢子侵染寄主。

7. 羌活细菌性角斑病

①症状：叶片、叶柄、茎秆均受害。叶面初生淡黄绿色油渍状小点，后扩大呈小型（2～5mm）不规则形、多角形油渍状褐斑，边缘有较宽的黄色晕圈，后期病斑破裂，有些形成穿孔。有时在叶背散生很多油渍状小点（<1mm），主脉、细脉也成油渍状，呈淡褐色网状油脉，当小斑点融合成不规则形油渍状污斑时，叶正面呈边缘不明显的暗绿斑。叶脉、茎秆上产生长短不等的褐色条

斑，上有明显的胶膜。

②病原：病原菌为原核生物界细菌，属种待定。

③病害循环及发病条件：病害8月发生，9月下旬为发病盛期。高湿、低温下发生严重。

8. 病毒病

①症状：叶部初生小型环斑，集中发生。严重时，叶片畸形，并伴随明显症状。

②病原：毒源待定。

③病害循环及发病条件：病害7～8月发生。

第九节　采收与产地加工技术

一、采收

羌活种植4～5年后即可收获，移栽后第3年或第4年的10月下旬至11月上旬，一般在霜降后或早春土壤解冻、羌活未萌发前采挖，产量最高，其次为大部分植株枯萎、土壤封冻前及时采收，防止产生冻害。人工起挖，起挖的深宽度比羌活直侧根深宽2cm以上为宜。割去地上茎秆，挖取根部，注意不要碰伤药体，避免挖伤挖断，保持药材完整。拣收时尽量现场分级，若现场不便分级，则应当在采收后立即除去泥土并分级。采挖的羌活根茎去掉残茎，及时抖去泥土或用清水冲洗泥土，分摊于专用场地晾晒。

二、加工

羌活药材的干燥主要采用自然干燥法。

应就近建立干燥、通风、遮光、远离交通干线的清洁无污染的水泥场地。

将收获的羌活清除泥土，用刀砍去羌活茎叶，切去芦头和毛根、去除病残根，芦头应留1cm，用手剥去残存叶柄。将药材放入水泥槽内，用水喷淋冲洗去泥土砂粒，水洗时间不得超出5分钟。按照根头直径2.0cm以上；1.5～2.0cm；1.0～1.5cm；1.0cm以下四个等级分级。按照不同等级在半遮光场地上平铺晾晒，摊开，晾晒至半干，用手搓去须根，再晾晒至完全干燥。晾晒期间每隔24小时翻动一次。晾晒10～15天，等大约去除40%的水分后堆垛存放，也可以搭架晾干再存放。架高一般距地面高度30cm以上，架宽1～1.5m，将羌活头向外平铺摆放，厚50cm，堆垛上架盖蓬防雨防冻。

经过水分检测合格，收集到麻袋、网袋、透气编织袋或纸箱包装，放置在环境清洁、通风、干燥、闭光的库房内，避免与有毒有害物品混存或使用有损药材品质的保鲜剂和材料，要注意防雨防冻，严禁雨淋暴晒，防止霉变、虫蛀、鼠害及其他污染。按加工批次加挂标签，其标签应注明品种、等级、数量、采挖地点、采挖时间、加工单位、加工地点及负责人。

图3-10 宽叶羌活药材

第十节 羌活的包装、储存和运输

一、产品包装

1. 包装车间消毒和灭菌

包装车间应进行封闭和灭菌消毒，实行人流、物流分开，包装操作工人应经过更衣、清洁等工序后进入包装车间。

2. 含水率

检测样品含水率限值为12%以内。

3. 产品包装规格

按照不同分级，分拣杂质，去除残破根系，进入紫外线灭菌室，灭菌后直接装袋并封口。

4. 标签与说明

羌活药材要严格按照国家《中药材生产质量管理规范》《药用植物及制剂进出口绿色行业标准》等要求，编制产品产地、引种来源、种植基地、种植人员、管理技术方案、药材活性成分、重金属和农药残留测试结果以及药材保质期等内容。

二、产品的储运

1. 储藏

干制后的羌活用筐、草席、麻袋、透气编织袋或者纸箱包装后存放在干净、阴凉、通风良好、无污染的专用仓库中，适宜温度30℃以下，相对湿度65%～75%。商品安全水分9%～12%。

本品易生霉、泛油、虫蛀。商品受潮泛油，色呈深褐色，手感绵软，断面现油样物，气味变淡。白色或绿色霉斑多出现在商品两端、折断面或缝隙间。危害的仓虫有花斑皮蠹、大理窃蠹、印度古螟、湿薪甲、谷潜、小圆甲、暗褐郭公虫、沙纹蕈甲等。蛀蚀品表面现多数针眼状空洞及粉屑，严重时手捏即成碎末。

贮藏期间注意通风，夏、秋季节要勤查、勤晾晒，若发现少量霉变，可装麻袋或篓内，加入适量稻壳，摇晃撞击，除去霉斑。有条件的地方可按垛密封，抽氧充氮进行养护。用于短时间杀虫，一般使库内充满98%以上的氮气或二氧化碳，而氧气留存不到2%；用于防霉防虫，使含氧量控制在8%以下即可达到目的。

严禁与有害物品同放和使用有损药材品质的保鲜剂，要注意防止霉变、虫咬和其他的污染。

2. 运输

运输工具应清洁、干燥、无异味、无污染，运输中应防雨、防潮、防曝晒、防污染，严禁与可能污染其品质的货物混装运输。

第4章

宽叶羌活特色适宜技术

一、宽叶羌活种子的萌发育苗技术

目前，由于受到宽叶羌活种子发育不完全、后熟期长等繁殖特性的限制，在自然条件下种子需要一冬一夏才能萌发。在这漫长的休眠期间大量种子丧失了生命力，即使在合适的储存条件下，宽叶羌活种子的萌发率仍然不高。本章介绍了宽叶羌活种子的休眠机理及解除途径，根据这些繁殖特性给予种子萌发条件，从而提高宽叶羌活种子的萌发率。

（一）宽叶羌活种子的形态后熟和生理后熟

宽叶羌活种子的萌发率不高，野生条件下萌发率仅为5.2‰，究其原因在于羌活种子具有双重休眠的特性，即种胚未发育成熟伴随种子未完成生理后熟。种胚后熟过程是指在湿润的条件下，温度15～20℃时，胚继续生长，经过40天左右的时间可以长到整个种子胚乳的一半，有2.5mm左右，再经过20天可以长到60%，等长到70%种子的形态后熟就算完成了。生理后熟过程就是宽叶羌活种子要在-20℃以上的温度，在地下埋藏整个冬季，进行过冬完成生理后熟阶段。到了春季种子在温度达8℃左右时开始萌芽，随着温度升高种子出苗速度加快，在温度15℃左右萌发最快，一般15天可发芽，30天内即可出苗。

（二）宽叶羌活种子的挑选

育苗种子应具备三个条件：首先选用三年生植株的种子，因为三年生植株已完全性成熟。第二，8～9月复伞形花序由绿变紫绿时，种子灌浆基本完成，当种子变为褐色未完全变为棕色时，种子的成熟度保证在90%左右，应及时采收阴干。第三，应选择千粒重在3.1g以上的种子。这样的种子其生长势、发芽势比较好，株苗长的健壮长得快。注意当年采收的种子当年播种，忌存放，因为存放的种子进入次生休眠，不容易萌发。

（三）宽叶羌活特色育苗方法

宽叶羌活常用育苗方法有沙藏育苗法、秋季直播法。本节特色育苗方法是在秋季直播法的基础上，通过对种子进行预处理，使种子中内源抑制物去除，来提高宽叶羌活的萌发率。具体方法如下：

9月初采收质优的种子进行前处理，前处理用0.10%的无磷洗衣粉溶液（pH=9.46）反复揉搓1遍，然后用常温水淘洗7遍。宽叶羌活种子中存在较强的内源抑制物质，所以用低浓度无磷洗衣粉冲淡外种皮抑制胚芽发育的抑制物，可提高种子萌发率。处理后的种子按播种密度500粒/平方米撒播，然后覆土5cm再轻轻拍实。有条件的可以播后浇一次透水。播后用麦草覆盖在大田上，起到保湿、保温、荫蔽和防止土壤板结作用。来年四月中旬出苗后，应挑松覆草；苗齐后，应及时揭去覆草。最适间苗期为幼苗三片真叶，平均株距应5～8cm。同时加强中耕除草、疏苗定苗、防治病虫害等管理，确保苗全、苗壮，提高宽叶羌活幼苗出圃率，育苗一年后即可移栽大田。

二、宽叶羌活的套种技术

宽叶羌活种植中，由于种子具有胚芽后成熟的特性，脱落后要长达一年左右的时间成熟，在适宜的条件下才能萌发成幼苗。宽叶羌活种子春播后，当年出苗率非常低，大部分在翌年出苗。为避免土地空闲，采用宽叶羌活与经济作物合理套种，既解决了当年的经济收入问题，又符合种子的萌发规律。

（一）播种前准备

提前将土地深翻30cm以上。栽植前每亩施4000kg腐熟农家肥，配合施用磷酸二铵30kg或尿素20kg、过磷酸钙40kg。将地翻耕耙平。

（二）宽叶羌活套种豆类

应在秋季9月中下旬将宽叶羌活的种子按行距30cm，深1～2cm带沙均匀条播入沟内并覆盖一层细土，播种量每亩5kg，播种后应注意用麦草覆盖，提高种子萌发率。来年春季在垄面套种蚕豆，每垄一行精量点播，每平方米套种蚕豆9～12株。这样的套种方式，除秋季收获大豆外，固氮植物即可增加土壤肥力又作为宽叶羌活支架，预防倒伏，从而提高种子的质量和产量。对于采集的种子，经过前处理后可播种育苗。

（三）宽叶羌活套种小麦

1. 套种春小麦

在春季3月上旬播种春小麦期间，将沙藏法处理的宽叶羌活种子连同细沙一起撒播于小麦行间内，宽叶羌活种子宜浅播，否则影响出苗，然后将地面磨平整。一般播种量为每亩5kg左右。小麦出苗后长至拔节期，这时羌活也开始出苗，出苗以后可借助于小麦遮阴。小麦成熟收割以后，要及时锄草、松土、中耕、叶面喷药等作业。麦茬行内及时灌溉，降雨时施入尿素每亩10kg。在10月中旬挖出羌活苗，以备移栽。

2. 套种冬小麦

在秋季九月下旬常规整地后，进行条播或机播，行距20cm，深4～5cm。应采用药剂拌种防治地下害虫和锈病，可用50%辛硫磷乳剂，每100kg种子用药0.2kg，15%的粉锈宁0.2kg加水1kg拌麦种子100kg。由于冬季寒冷，地表上冻，土壤龟裂现象比较严重，有些地区散放牲畜啃食麦苗，冬小麦越冬死亡率高，需要加大播种量。一般地块播种量在每亩20kg左右。出苗后及时锄草保墒，促进根系发育和促进壮苗。冬灌后，土壤上冻前要及时耱地保墒，填平播沟，上冻后在中午气温较高时及时耱地，消除地表龟裂，保护幼苗根系不受冻害。春季小麦起身期将沙藏处理的种子连同种沙浅播于小麦行沟内并覆盖一层细土，播种量每亩5kg左右，出苗后可借助小麦遮阴。七月上旬冬小麦即可收获，不进行犁地，随降水或灌溉施尿素每亩10kg。并进行除草、病虫害防治等作业。

（四）宽叶羌活套种油菜

套种春油菜技术：选地势高，排水好的田块，精耕细作，施足基肥，每亩施家肥4000kg，尿素20kg，磷酸二铵30kg，等待播种。在春季选生长期为120天左右的油菜，每亩种子0.6kg与1.5kg的辛硫磷均匀搅拌后条播，等油菜籽长到4片叶子时将5kg宽叶羌活种子均匀地撒在油菜籽地块中，然后进行一次人工除草，将地块中的杂草和密度过大的油菜除掉，除草时同时翻土，油菜的密度以30株/平方米左右为宜，在油菜生长过程中切忌用任何除草剂。等到秋天油菜籽完全成熟时用履带式收割机收割。为保证宽叶羌活的正常生长，可将秸秆均匀平整的铺在地块中做保墒用，使羌活种子安全过冬。

三、宽叶羌活春季定植地膜覆盖技术

宽叶羌活种苗移栽过程中遇到春季低温期，采用覆盖地膜，地膜白天受阳光照射后，可使地表温度升高1～6℃。夜间由于地膜保温的效果，地膜下的温度会比田地高1～3℃。地膜覆盖增温明显，可防止幼苗冻死或冻伤，从而提高宽叶羌活种苗移栽的成活率。

（一）地膜的选择

地膜的选择应遵循：高海拔地区昼夜温差大，应选用厚度为0.014mm的白色地膜，覆盖后可使地温提高。低海拔区选用0.014mm的黑色地膜，黑色地膜本身增温快，但不易下传热量，抑制土壤增温。

（二）宽叶羌活地膜栽培的优点

1. 地膜覆盖技术有很好的防草、防病效果。地膜与地表之间在晴天高温时，可出现38℃左右的高温，使草芽及杂草枯死。覆盖地膜后可防止杂草生长，从而提高田间管理效率。地膜覆盖每亩每年只需60～80元，却能产生良好的防草效果，极大地节约了人工或化学除草的费用。由于宽叶羌活主要病害是根腐病，该病为真菌性根茎感染，是一种低温性疫霉菌。地膜的覆盖不但阻断了地表的根腐病菌借水流、气流、机械作业流动传播的渠道，而且提高了地表温度，使根腐病发病率降低，减少了农药的使用。

2. 由于地膜透气性差，使用地膜覆盖后能明显减少土壤水分蒸发、使土壤湿度稳定，有利于根系生长。

3. 由于地膜覆盖增温保温作用，因此有利于土壤微生物繁殖，加速腐殖质转化为无机盐，被作物吸收。此外，地膜覆盖可以避免因灌溉或雨水冲刷而造成的土壤板结现象，可起到减少中耕劳力，并能使土壤疏松，通透性好，能增加土壤的总孔隙度1%～10%，降低容度，增加土壤的稳性团粒，使土壤中的肥、水、气、热条件得到协调。

4. 地膜覆盖可以提高羌活的光合效率，中午可使宽叶羌活植株中下部叶片多得到12%～14%的反射光，使光合作用强度增加，中下部叶片的衰老期推迟，促进干物质累计，提高产量。

（三）宽叶羌活种苗定植地膜覆盖技术

1. 高垄地膜覆盖技术（适合降水量在300mm左右的地区）

于3月下旬至4月上旬将选好的地块深翻30cm以上，同时每亩施农家肥4000kg，耙细整平。将地起垄，垄面宽20cm，高3～8cm，且平整无大土块。然后在垄面覆黑膜，膜宽35cm，两边压土7cm左右，行距留10cm，四周用细土严压密封。覆膜后进行移栽，将种苗移栽于垄沟内，苗头向上稍压入土，移栽深度以苗头距土面5cm为宜，株距20cm。苗出齐后进行第一次拔草，防止损伤根部。第二次锄草时剪掉部分抽薹。第二年4月中旬进行中耕除草，5月中旬中耕除草并割除抽薹，同时每亩追施磷钾肥40kg。第三年去掉地膜，将垅土培于种植行内。此方法具有抑制水分蒸发、膜面集雨、升地温，垄沟种植也便于浇水，适合干旱地区宽叶羌活幼苗定植。见图4–1。

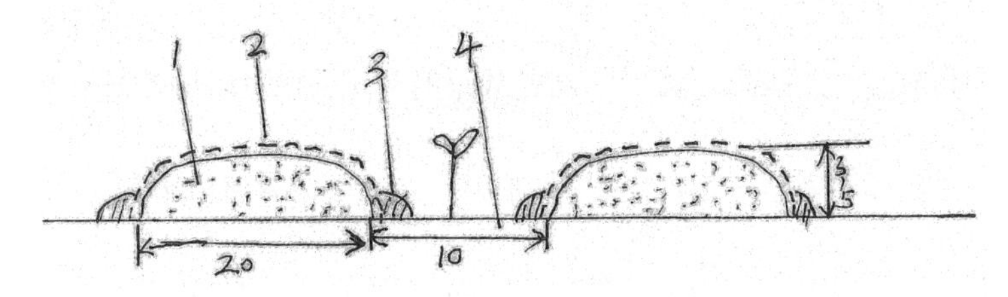

图4-1 高垄地膜覆盖栽培横剖面示意图（厘米）

1.畦面 2.地膜 3.压膜土 4.垄沟

2. 高畦地膜覆盖技术（适合降水量在300mm以上的地区）

于3月下旬至4月上旬将选好的地块深翻30cm以上，同时每亩施农家肥4000kg，耙细整平后作畦。一般畦宽60～70cm，垄沟宽15cm，畦高15～20cm、每畦覆盖地膜，膜宽60cm，两边压土7cm左右。覆膜完毕后，用打孔机按株行距25cm×40cm打孔，穴深5～6cm，将种苗在整好的畦面上进行穴栽，苗头朝上并用砂土覆土盖平。全年分两次追肥，第一次在春季苗高10cm左右时，结合中耕除草每亩追施尿素10kg；第二次在夏季苗高30cm左右时，再次结合中耕酌量追施速效氮肥，促苗平衡健壮生长。此方法优点在于：首先，高畦适宜密植，能有效提高产量。由于宽叶羌活栽在高畦上，叶片上冲，较深的垄沟变成通风、透气、透光的走廊，适宜密植，能促进作物发挥群体增产优势。其次，高畦栽培节约用水，改变了地面灌水的方式，由大水漫灌改为小水沟内渗灌，可节水30%～40%。同时，消除了植株根部土壤的板结现象，有利于作物生长发育。第三，高畦便于田间管理。由于采取畦垄栽培，等于在两个高垄中间留了人行道，使精细管理更加方便。比如采用高畦地膜覆盖后，一般杂草都生长在垄沟内，便于除草和减少人工投入。第四，高畦栽培有利于作物体内有机物的转化与积累。高垄栽培将土壤表面由平面改为波浪形，扩大土壤表面积30%以上，从而增加了太阳光能的截获量，白天升温快，夜间降温也快，昼夜温差加大，有利于有机物的转化与积累。见图4–2。

图4–2　高畦地膜覆盖栽培横剖面示意图（厘米）

1.畦面 2.地膜 3.压膜土 4.垄沟

（四）清除废膜

宽叶羌活收获后要彻底捡拾旧地膜，这样不但能净化土壤，还能保护环境。与此同时，要积极引进和采用光降解和草纤维等地膜，可较好地防止农田污染和公害，降低成本，促进宽叶羌活种植产业绿色健康发展。

四、宽叶羌活的叶面追肥技术

磷酸二氢钾作为叶面喷施肥广泛应用于传统生产种植中，它能使植株个体健壮，抗逆性增强，并能增加种子质量。尤其在开花结实期喷洒更利于养分的补给。经过研究发现宽叶羌活抽薹后，其根茎膨大阶段将会消耗大量的养分，到了随后的结果阶段若没有充足的养分提供，将会影响种子的饱满度，从而影响种子萌发率。因此在其开花结实期喷施一定浓度叶面肥，能有效保证块根的生长。

施肥方法：一般在宽叶羌活生长的中后期（开花结果期）选用600g磷酸二氢钾兑水100kg配成0.6%浓度进行施肥，每亩施肥30L，叶面喷肥以叶片正反面喷匀为标准。为提高喷肥效果，最好选择在阴天喷施，晴天宜在上午10:00前或下午4:00后喷施，尽可能延长肥液在作物上的湿润时间，提高吸收率。另外，在喷肥后2小时内如遇雨应补喷。受浓度和用量的限制，一次喷肥不能满足作物生长的需要，一般应根据作物生育期的长短，喷施2～4次。

五、控制宽叶羌活抽薹技术

伞形科植物普遍具有的生物学特性就是抽薹，即花茎从叶丛中伸长生长的现象，这也是宽叶羌活进入生殖生长的形态标志。一旦宽叶羌活抽薹后，部分营养将用于开花结实的生殖生长，从而影响根茎的膨大，使根茎营养流入生殖生长，导致其肉质化根向木质化趋势转变，大大降低了宽叶羌活的药用价值和产量。因此，控制好宽叶羌活的抽薹率，才能调整和改变宽叶羌活自身营养的传导方向，使营养物质转运到宽叶羌活的根茎上并积累和保存，从而增加了产量。

实施方法：用剪刀减去宽叶羌活抽薹的花序，保留其花茎（图4-3）。虽然宽叶羌活在形成花序时消耗了部分营养物质，但是及时的减去了花序终止生殖生长，减少营养物质消耗。另外，保留了花茎就等于保留了茎生叶，积累的营养物质同样会保留在根茎上，增加了宽叶羌活药用部位的产量。

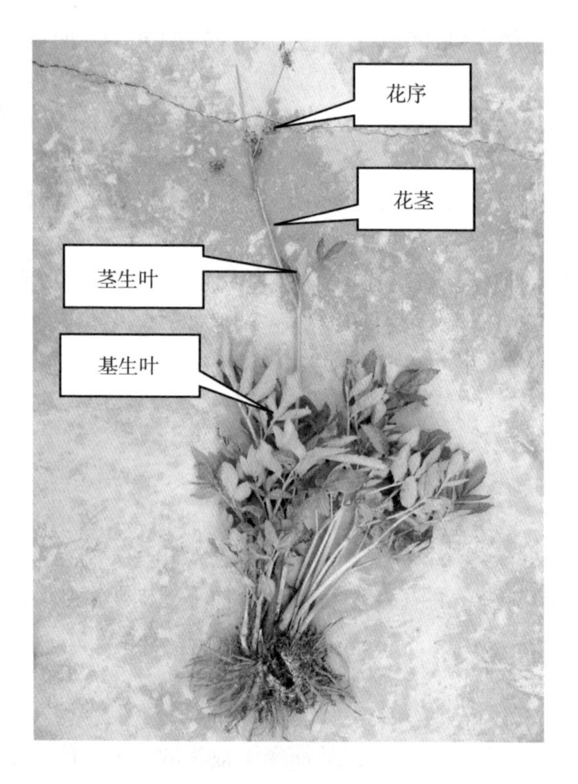

图4-3　宽叶羌活抽薹

六、宽叶羌活林地种植技术

野生宽叶羌活喜生于疏林、阴坡灌丛中。种植户模仿野生林地环境种植宽叶羌活使更符合其生态习性，有利于生长繁殖，其药用成分也更接近于野生状态。而且林地多远离公路、农田和居民区，与平地相比受污染较少，药材品质能够得到保证。林药间作、立体经营，能提高林地综合利用率。现将宽叶羌活林下种植技术总结如下：

（一）选地与整地

1. 选地

选择无霜期＞130天，日平均气温≥5℃，年有效积温＞2000℃以上的林地。宜选择郁闭度0.1以下的阔叶林，也可选择荒山、荒地或林中空地。坡向为半阴半阳坡，坡度10º～15º，土壤以沙壤土为宜，要求土层深厚，土质疏松肥沃，厚度45cm以上，土壤pH 6.5～7.5，排水良好。

2. 整地

首先清除灌木杂草，如果是林地，注意保留胸径5cm以上的树木，深翻土地25cm以上，清除根茬、碎石。结合耕翻每亩施入厩肥或猪圈粪2500～3000kg。耙碎整平，做顺畦，畦宽1.2m、高10cm，长度依地势而定，畦间每15cm，挖5cm深、10cm宽的沟进行条播。

（二）田间管理

1. 中耕除草

由于林地杂草较多，易发生草荒，出苗后及时除草松土，以保持土壤疏松、透气。前2次中耕除草可结合间苗、定苗进行。

2. 水分管理

由于宽叶羌活上层有林木遮阴，一般较平地抗旱。但在种子发芽期和苗期应格外注意，播后均匀覆盖秸秆或树枝树叶5cm，秸秆上再适当压石块或树枝，有利于保护幼苗，在这一时段如遇上干旱要及时浇水。出苗前浇水应保持苗床湿润，出苗后水要浇透，以湿土为宜。夏季宽叶羌活最怕水涝，在雨季及时疏通排水，防止田间积水。

3. 追肥

由于林地土壤的有机质、全氮和碱解氮含量普遍高于农田类，因此在追肥时选择含氮量相对较少的肥料。每亩可使用过磷酸钙8～10kg。每年追肥1次，秋季进行。行间开沟施入，施后覆土。

4. 摘花序

7～8月份花期易抽薹现蕾，应及时摘除，以防养分消耗。

第5章

羌活药材质量

一、羌活的本草考证

羌活最早是作为独活的异名出现的，各代本草多将独活与羌活相混淆记录。羌活用药始载于《神农本草经》，言："独活味苦，平。主风寒所击，金疮止痛，贲豚，止痛，痫痓，女子疝瘕"，"久服，轻身耐老"，"一名羌活，一名羌青，护羌使者"，将羌活和独活当作同一药材。清·叶桂解读《本经》后，在《本草经解》中进行如下诠释：羌活入肺经可"解风寒"，使"风血行"而"止痛"；"苦"可"燥湿"，"甘"可"伐肾"，可治"豚"者"肾水之邪"；"气平"可"治风"，从而可止"痫痓"；"平风燥湿"，兼之"气雄"，故可"散血"，可治由"多经行后血假风湿"导致的"女子疝瘕"；久服可"散脾湿"，故可"轻身、耐老"。

南北朝陶弘景在《本草经集注》中首次记载了羌活与独活的区别，书中记载："（独活）生雍州川谷，或陇西南安……此州郡县并是羌地。羌活形细而多节，软润，气息猛烈。生益州北部，西川者为独活，色微白，形虚大，为用亦相似而小不如也。"陶弘景又在《名医别录》中提到："独活微温，无毒主疗诸贼风，百节痛风无论新久者。一名胡王使者，一名独摇草得风不摇，无风自动……二月八月采根，暴干。"陶弘景虽将羌活和独活并述，但已清楚的将羌活、独活在产地、药材性状、气味及功效上加以区别。

羌活与独活在临床上开始区分始于唐代。唐《新修本草》记载："疗风宜用独活，兼水宜用羌活。"《证类本草》云："羌活今蜀汉出者佳。春生苗，叶如青麻。六月开花作丛，或黄或紫……今人以紫色而节密者为羌活，黄色而作块者为独活……今蜀中乃有大独活，类桔梗而大，气味不与羌活相类，用之微寒而少效。今又有独活亦自蜀中来，形类羌活，微黄而极大，收时寸解干之，气味亦芳烈，小类羌活……而市人或择羌活之大者为独活，殊未为当。"从描述来看，宋代的羌活基本上较为清晰，为"紫色而节密者"与陶弘景所述一致。

历代本草对羌活、独活在产地、形态、气味、功用上的记载都有所不同，只是未从植物学角度厘清。尽管历代医家对羌活、独活在是否为同一种植物上有过混淆，但在临床应用上是明确区分的。

近代通过调查羌活主产于青海东南部、甘肃南部及四川西北部一带，与本草描述一致，其来源有两种羌活属植物。从产地来看又有川羌和西羌之分，其中产于四川称川羌，产于青海、甘肃的称西羌。

二、羌活的质量评价

以下检测按《中华人民共和国药典》2015年版四部进行。

【检查】 总灰分：不得过8.0%。

酸不溶性灰分：不得过3.0%。

【浸出物】照醇溶性浸出物测定法中的热浸法测定，用乙醇作溶剂，不得少于15.0%。

【含量测定】挥发油：照挥发油测定法测定。本品含挥发油不得少于1.4%（ml/g）。

羌活醇和异欧前胡素：照高效液相色谱法测定。

色谱条件与系统适用性试验：以十八烷基硅烷键合硅胶为填充剂；以乙腈-水（44：56）为流动相；检测波长为310nm。理论板数按羌活醇峰计算应不低于5000。

对照品溶液的制备：取羌活醇对照品、异欧前胡素对照品适量，精密称定，加甲醇制成每1ml含羌活醇60μg、异欧前胡素30μg的混合溶液，即得。

供试品溶液的制备：取本品粉末（过三号筛）约0.4g，精密称定，置具塞锥形瓶中，精密加入甲醇50ml，称定重量，超声处理（功率250W，频率50kHz）30分钟，放冷，再称定重量，用甲醇补足减失的重量，摇匀，滤过，取续滤液，即得。

测定法：分别精密吸取对照品溶液5μl与供试品溶液5～10μl，注入液相色谱仪，测定，即得。

本品按干燥品计算，含羌活醇（$C_{21}H_{22}O_5$）和异欧前胡素（$C_{16}H_{14}O_4$）的总量不得少于0.40%。

三、羌活的规格等级

（一）药材性状

根据《七十六种药材商品规格标准》，药材羌活以产地分为“川羌”和“西羌”；以药用部位性状分为“蚕羌”、“大头羌”及“条羌”。

1. 蚕羌

根茎形似蚕，呈圆柱形或略弯曲，环节紧密似蚕，长约4～13cm，直径约0.6～2.5cm，顶端有茎叶残茎，表面棕褐色至棕黑色。有点状根痕及棕色破碎鳞片，外皮脱落处呈棕黄色。体轻，质脆，易折断，断面不齐，有放射状裂隙，皮部棕黄色，可见黄色分泌腔，习称“朱砂点”，木质部黄白色，中央有黄色至黄棕色髓。具特殊香气，味微苦而辛。

2. 大头羌

根茎特别膨大，呈不规则结节状，顶端具多数残留茎基，根部有纵沟或纵皱。

3. 条羌

为干燥的根及根茎，呈类圆柱形，长10～15cm，直径1～3cm。顶端偶见根茎，表面棕褐色至棕黑色，有纵纹及疣状突起的须根痕，上端较粗大，有

稀疏隆起环节。质疏松而脆，易折断。断面不平坦。皮部浅棕色，木质部黄白色，有菊花纹，朱砂点不明显。中央无髓，气味较淡薄。

一般认为蚕羌的品质最优，大头羌和条羌较次。

（二）规格标准

羌活的规格等级在国家医药管理局及卫生部1984制定的《七十六种药材商品规格标准》中规定，按产地分为川羌和西羌，川羌系指四川的阿坝、甘孜等地所产的羌活。西羌系指青海、甘肃所产的羌活。其中按品质、形态等性状特征又将川羌分一等蚕羌、二等条羌，西羌分一等蚕羌、二等大头羌、三等条羌。

1. 川羌规格标准

一等：蚕羌。干货，呈圆柱形。全体环节紧密，似蚕状。表面棕黑色。体轻质松脆。断面有紧密的分层，呈棕、紫、黄、白色相间的纹理。气清香纯正，味微苦、辛。长3.5cm以上，顶端直径1cm以上。无须根、杂质、虫蛀、霉变。

二等：条羌。干货，呈长条形。表面棕黑色，多纵纹。体轻质脆。断面有紧密的分层，呈棕、紫、黄、白色相间的纹理。气清香纯正，味微苦、辛，长短大小不分，间有破碎。无芦头、杂质、虫蛀、霉变。

2. 西羌规格标准

一等：蚕羌。干货，呈圆柱形。全体环节紧密，似蚕状。表面棕黑色，体轻质松脆。断面紧密分层，呈棕、紫、白色相间的纹理，气香，味微苦、辛。无须根、杂质、虫蛀、霉变。

二等：大头羌。干货，呈瘤状突起不规则的块状。表面棕黑色。体轻质松脆。断面具棕、黄、白色相间的纹理。气香，味微苦、辛。无细须根、杂质、虫蛀、霉变。

三等：条羌。干货，呈长条形。表面暗棕色，多纵纹，香气较淡，味微苦、辛。间有破碎， 无细须根、 杂质、 虫蛀、 霉变。

第6章

羌活现代研究与应用

一、羌活植物的化学成分及鉴定

1. 羌活的化学成分

（1）挥发性成分　羌活醇、庚烷、己醛、庚醛、α–侧柏烯、α–蒎烯、香叶烯、辛醛、α–水芹烯、α–萜品烯、柠檬烯、β–水芹烯、β–顺式罗勒烯、β–反式罗勒烯、γ–萜品烯、龙脑、萜烯醇–4、α–龙脑烯醛、β–雪松烯、桃金娘烯醇、百里酚甲醚、β–古芸烯、δ–榄香烯、β–花柏烯、β–桉叶油醇、香桧烯、α–松油烯、桃金娘醇、百里香酚、α–榄香烯等。

（2）非挥发性成分　异欧芹素乙、脱水羌活酚、乙基羌活醇、佛手苷内酯、异补骨脂素、佛手酚、羌活酚缩醛、环氧脱水羌活酚、花椒毒酚、紫花前胡苷、5，7–二甲氧基香豆素、α–甲氧基异欧前胡内酯、佛手酚葡萄苷、7–异戊烯氧基–6–甲氧基香豆素、7–（3，7–二甲基–2，6–辛二烯氧基）–6–甲氧基香豆素、哥伦比亚苷元、前胡苷Ⅴ、哥伦比巴亚苷、异紫花前胡苷元、欧芹属素乙、珊瑚菜内酯、异欧前胡素、二氢欧山芹醇、阿魏酸、卡拉阿魏素、茴香酸对羟基苯乙酯、去甲呋喃羽叶云香素、苯乙基阿魏酸酯、对羟基间甲氧基苯甲酸、反阿魏酸、蛇床素、乙基羌活酚、比克白芷内酯、（+）–顺式凯林内酯、（–）–反式凯林内酯、欧前胡素酚、异前胡内酯、佛手素、紫花前胡苷元、珊瑚菜内酯等。

（3）氨基酸和糖类　羌活中含有的氨基酸有赖氨酸、精氨酸、苯丙氨酸、色氨酸、γ-氨基丁酸、天门冬氨酸、亮氨酸等，共有20种，糖类主要含有葡萄糖、果糖、蔗糖和鼠李糖。

2. 宽叶羌活的化学成分

（1）挥发性成分　α–蒎烯、β–蒎烯、柠檬烯、萜品烯醇–4、已醛、庚醛、香桧烯、莰烯、月桂烯、α–水芹烯、辛醛、菖烯–4、对聚伞花素、γ–松油烯、异松油烯、葛缕醇、松油醇、乙酸龙脑酯、β–芹子烯等。

（2）非挥发性成分　异欧前胡素、珊瑚菜内酯、异前胡内酯、羌活酚、羌活醇、脱水羌活酚、佛手柑内酯、佛手酚、紫花前胡苷、紫花前胡苷元、6′–O–反阿魏酰基紫花前胡苷、茴香酸对羟基苯乙酯、欧前胡素酚、去甲呋喃羽叶云香素、佛手素、蛇床素、4′–羟基–3，5–二甲氧基芪、镰叶芹二醇、香草酸、反阿魏酸、佛手酚葡萄糖苷、β–谷甾醇–β–D–吡喃葡萄糖苷、茴香酸对羟基苯乙酯、对羟基–反式–桂皮酸等。

（3）氨基酸和糖类　研究发现宽叶羌活中含有赖氨酸、苯丙氨酸、色氨酸、天门冬氨酸、亮氨酸等20种氨基酸，糖类主要含有鼠李糖、果糖、葡萄糖和蔗糖等。

3. 宽叶羌活种子化学成分

对宽叶羌活种子进行系统的化学成分研究，从中共分离鉴定出29个化合物，运用MS，NMR等波谱学技术确定了它们的结构，分别为异欧前胡素、*β*–谷甾醇、珊瑚菜内酯、佛手柑内酯、*N*–二十四、二十六、二十八烷酰基邻氨基苯甲酸、胡萝卜苷、水和氧化前胡素、伞形花内酯、去甲呋喃羽叶芸香素、（2*S*，3*S*，4*R*，8*E*）–2–［（2′*R*）–2′–羟基–二十二、二十三、二十四、二十五、二十六碳酰胺］–8–十八碳烯–1，3，4–三醇、左旋氧化前胡素、香叶木素、佛手酚–*O*–*β*–D–葡萄糖苷、紫花前胡苷、1′–*O*–*β*–D –葡萄糖基–（2*R*，3*S*）–3–羟基紫花前胡苷元、尿嘧啶、前胡苷Ⅴ、5–羟基补骨脂素–8–*O*–*β*–D –葡萄糖苷、5–甲氧基补骨脂素–8–*O*–*β*–D–葡萄糖苷、香叶木苷、阿拉善苷 C、犬尿喹酸、甘露醇。

羌活与宽叶羌活中的有效成分含量不尽相同，羌活中羌活醇含量高于宽叶羌活，但异欧前胡素含量却低于宽叶羌活。根据化学成分含量的不同区别使用羌活与宽叶羌活将大大提高羌活的药效。但市场上羌活与宽叶羌活并未区分收购，这也成为药材精细化使用的主要障碍。羌活商品市场根据产地及品质又分为蚕羌、条羌、竹节羌，研究不同品质羌活化学成分发现，蚕羌羌活醇与异欧前胡素总量高于条羌和竹节羌，条羌含量最低，这一结论为羌活商品等级的评定提供了理论依据。

4. 化学成分的分离与鉴定

将羌活的干燥根茎，加95%乙醇回流提取3次，每次2小时，合并提取液，减压浓缩得浸膏。待水分散后依次用石油醚、乙酸乙酯、正丁醇萃取，减压浓缩得石油醚萃取物，乙酸乙酯萃取物，正丁醇萃取物。取石油醚萃取物100g经硅胶柱色谱，以石油醚–丙酮（80：1→0：100）梯度洗脱，收集流分，经纯化得到异欧前胡素；经硅胶柱色谱以石油醚–乙酸乙酯梯度洗脱，纯化后得到5，7–二甲氧基香豆素，佛手苷内酯；经硅胶柱色谱以石油醚–乙酸乙酯梯度洗脱，再经Sephadex LH–20纯化得到异补骨脂素。

乙酸乙酯萃取物经硅胶柱色谱，以石油醚–丙酮（90：1→0：100）梯度洗脱后，收集流分，经Sephadex LH–20 反复纯化得到7–羟基香豆素；经硅胶柱色谱以石油醚–乙酸乙酯（20：1→0：100）梯度洗脱，结合制备型HPLC，分离纯化得化合物异虎耳草素，5–甲氧基–8–羟基补骨脂内酯，阿魏酸；经制备型 HPLC，以乙腈（B）–水（A）为流动相，按照 0～80分钟，30% ～45%，80～100分钟，45% ～100%的条件进行梯度洗脱，结合Sephadex LH–20反复纯化，最终得到紫花前胡内酯，佛手酚，比克白芷内酯,(+)–顺式凯林内酯,(–)–反式凯林内酯，茴香酸对羟基苯乙酯。

将宽叶羌活地下部分粗粉1kg用甲醇提取5次，每次3L，1小时。将减压回收得到的甲醇提取物悬浮在90%甲醇中，用己烷连续萃取5次去油。减压回收90%甲醇得到的提取物悬浮在水中，依次用乙酸乙酯和正丁醇萃取，得乙酸乙酯提取物和正丁醇提取物。取其乙酸乙酯提取物用硅胶拌匀进行硅胶柱层

析，分别用已烷、已烷-三氯甲烷、三氯甲烷、三氯甲烷-甲醇洗脱，分别得佛手素、异欧前胡素、佛手内酯、佛手酚、6′-氧-反式阿魏酰基紫花前胡苷、佛手酚葡萄糖苷。取其正丁醇提取物用硅胶拌匀进行硅胶柱层析，分别用三氯甲烷、三氯甲烷-甲醇洗脱，得紫花前胡苷和β-谷甾醇-β-D-吡喃葡萄糖苷。

二、羌活有效成分提取

羌活化学成分复杂，主要有效成分为挥发油类、香豆素类化合物。香豆素类化合物是以羌活醇、紫花前胡苷、异欧前胡素为代表的活性成分。羌活醇为羌活属植物的特征化合物，羌活醇、异欧前胡素以及挥发油含量在我国药典中常被作为羌活药材品质检测的指标成分。因此以这三种物质的含量和所得浸膏量作为提取效果衡量的指标，可较为客观地评价羌活提取物的质量。

（一）挥发油类提取

1. 水蒸气蒸馏法（SD）提取

取100g羌活药材粗粉（20目），采用水蒸气蒸馏法进行提取，加药材量8倍的蒸馏水，提取到挥发油提取器中油量不再增加为止，结果水蒸气蒸馏法提取7个小时后提取量不再增加，提取率为1.15%。

2. 乙醇加热回流法提取

取100g羌活药材粗粉（20目），采用乙醇加热回流法进行提取，加药材量8

倍的95%乙醇，提取2次，每次3小时，提取结束后，在45℃条件下，旋转蒸发浓缩，冷却至室温，提取率为2.52%。

3. CO_2–超临界流体萃取法（CO_2– SFE）提取

取羌活药材粗粉（过20目筛）100g，置超临界CO_2萃取釜中，设定分离釜Ⅰ的压力为5MPa，温度50℃，分离釜Ⅱ的压力为5MPa，温度40℃。CO_2流量为20L/h 左右。采用正交试验设计，选择萃取压力、萃取温度、萃取时间3个因素，每个因素分别设计3个水平进行实验，确定羌活最佳萃取工艺为：即萃取压力30MPa，萃取温度50℃，萃取时间2小时。按照最佳的萃取工艺进行萃取，得羌活萃取物，平均提取率为7.80%。

4. 羌活CO_2–超临界萃取法和水蒸气蒸馏法、乙醇回流法的工艺比较研究

表5–1　工艺比较研究

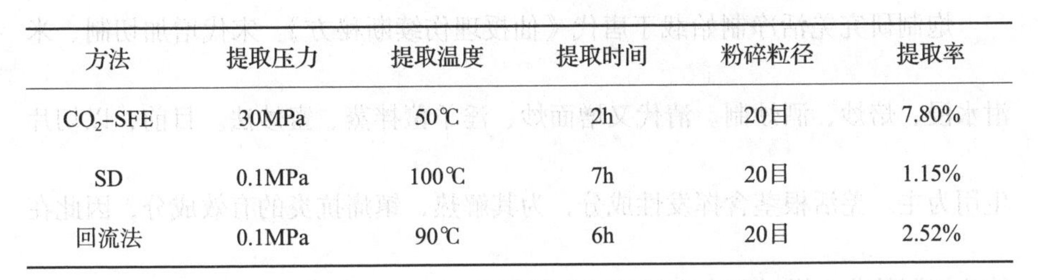

方法	提取压力	提取温度	提取时间	粉碎粒径	提取率
CO_2–SFE	30MPa	50℃	2h	20目	7.80%
SD	0.1MPa	100℃	7h	20目	1.15%
回流法	0.1MPa	90℃	6h	20目	2.52%

CO_2–SFE法在对根茎类药材中挥发性成分的提取上明显优于水蒸气蒸馏法和乙醇回流法，显示出如下优点：提取率高、提取温度低、提取时间短、无溶剂污染、利于保存热不稳定及易氧化的挥发性物质，适合于根茎类药材的提

取，值得在中药大生产中推广应用。

（二）香豆素类化合物的提取

选择提取次数、溶剂倍数、提取时间为考察因素，以提取浸膏量及三种主要活性物质（羌活醇、紫花前胡苷、异欧前胡素）含量为考察指标，研究羌活药材活性成分的乙醇加热回流提取工艺。优选出羌活药材活性成分的最佳提取工艺参数：加6倍量95%乙醇，加热回流提取3次，每次提取时间为1小时。

此工艺为羌活提取物的工业化生产提供安全、环保、高效的工艺参数和方案，为羌活药材资源的高效利用提供技术支持。

三、羌活炮制与加工

（一）炮制方法

炮制研究羌活净制始载于唐代《仙授理伤续断秘方》。宋代增加切制、米泔水浸、焙炒、酒炒制。清代又增面炒、淫羊藿拌蒸、蜜炒法。目前，以切片生用为主。羌活根茎含挥发性成分，为其解热，镇痛抗炎的有效成分，因此在饮片切制软化干燥过程中应尽量减少其损失。

（1）羌活　取原药材，根据药材和杂质的体积大小不同，通过不同规格的筛和箩，除去杂质并分档，清水洗净，润透，切厚片，晒干或低温干燥。

（2）炒羌活　取净羌活，置炒制容器内，用文火加热，炒至颜色加深，取出晾凉，筛去碎屑。炒羌活具有药物成分易于煎出，易于粉碎，矫臭矫味的作用。

（3）酒羌活　取净羌活片加入黄酒拌匀，闷润至酒被吸尽，置锅内用文火加热，炒干，取出，放凉。羌活每100kg用黄酒20kg。酒炙增强除湿止痛功能，用于风湿痹痛。

（二）炮制品性状

羌活呈不规则类圆形厚片，表面棕黄色有黄棕色朱砂点，木部黄白色，髓部黄色或黄棕色，有放射状裂隙，周边棕褐色至棕黑色。体松质脆，气香，味微苦而辛。炒羌活表面颜色加深，木部黄棕色，质地酥脆，具清香气。酒炙羌活形如羌活片，气香浓，色泽加深，偶具焦斑。

（三）羌活饮片的加工生产工艺

1. 拣选

将要拣选的羌活置于洁净工作台，拣去杂质，非药用部位（拣选后杂质含量≤2%），将拣选后的药材装入料箱内。

2. 洗润

（1）洗药　先在洗药机出料口处放置料箱，打开进水阀，开启机械电源开关和水泵启动按钮。启动正转开关，进料进行清洗，洗去泥沙。清洗过程需不断调节滚筒正、反转向直至羌活充分洗净。关闭水泵开关，启动正转开关，羌

活从出料口自动排出。将羌活装入不锈钢带孔料框中沥干。

（2）润药　开动全自动蒸汽发生器生产蒸汽。装料：打开润药机箱门，将洗净的置于透气料框中的羌活放入润药机箱体内，关闭箱门，然后顺时针转动手柄使箱门锁紧。抽真空时间为13min ± 5min，启动抽真空开关，抽真空至-0.06MPa，打开蒸汽阀和润药机安全阀，通过蒸汽浸润35min ± 5min至药材润透，切开中间无干心。关闭蒸汽球阀，打开排污球阀，放掉蒸汽和冷凝水，待箱体内蒸汽和冷凝水排尽，打开箱门将润好的药材迅速装入周转桶，加盖密封。由于用润药机润化的药材含水率较低，必须在短时间内切制或用塑料布包裹，以防止蒸汽蒸发药材变硬。

3. 切制

将羌活投入切片机中切成2～4mm的厚片，确保切片厚度在规定范围内，并用清洁容器收集切好的药材。切制后的羌活规格＜2mm和＞4mm不得超过20%。

4. 干燥

使用敞开式烘箱，启动电加热开关和风机进行加热，使烘箱干燥温度达55℃ ± 10℃，将切制好的羌活平铺放入烘箱的不锈钢烘盘上，烘干羌活平铺物料厚度≤50cm进行干燥，干燥过程中监测水分是否达到干燥要求，同时对物料进行翻动，使饮片受热均匀，水分≤12.0%即可停止加热，让风机继续工作，待物料放凉后，关掉风机，同时关掉总电源，取出物料装入洁净容器内。

5. 筛选

根据羌活的体积选用适宜的筛网。开动筛选机的筛网，除去药屑（筛选后杂质含量≤2%），将筛选好的药材装入容器内。

四、羌活的药用部位及其性味

羌活的药用部位为伞形科植物羌活或宽叶羌活的干燥根茎。其性辛、苦、温，归膀胱、肾经。有解表散寒，祛风除湿，止痛的功效，用于风寒感冒、头痛项强、风湿痹痛、肩背酸痛。使用时需注意本品辛香温燥之性较烈，故阴虚血亏者慎用。如用量过多，易导致呕吐，故脾胃虚弱者不宜服用。

五、羌活的药理作用

1. 抗炎、镇痛、解热作用

口服、灌胃、腹腔注射羌活挥发油均可不同程度的抑制小鼠二甲苯耳水肿，大鼠的角叉菜胶足肿胀、糖苷足肿胀。还有药理实验结果显示，6.0g/kg的羌活水提液能显著抑制炎性增生；2%的羌活注射液10ml/kg腹腔注射，可使小鼠热刺激痛阈值明显增高，口服或灌胃也表现出显著的镇痛作用。陈虹宇等研究表明蚕羌在抗炎镇痛方面效果最优。大鼠腹腔注射0.133ml/kg或口服1.328ml/kg用药，可使皮下注射15%酵母混悬液10ml/kg致热大鼠体温明显降低，表现出显

著的解热作用。

2. 抗心律失常作用

羌活的提取物部分具有抗心律失常作用、减缓心率、扩张冠脉及增加心肌营养性血流量等作用。对被乌头碱诱发心律失常的大鼠口服羌活水提物，发现羌活水提物能够缩短其心律失常的持续时间，延长其潜伏期。该作用可能在于抑制心肌膜Na^+内流，降低快反应细胞自律性。研究发现羌活水提液中小分子部分（分子量在5000以下）的抗心律失常作用优于大分子部分（分子量在5000以上），提示抗心律失常的主要有效部位在小分子部分中。

3. 抗心肌缺血作用

选取羌活挥发油0.3～0.6g/kg，经灌胃用药，能对抗垂体后叶素引起的急性心肌缺血，这可能是通过扩张冠脉，增加冠脉血流量的结果。羌活挥发油0.75g/kg灌胃给药，能明显增加小鼠营养血流，而营养血流对心肌起供血作用，从而改善心肌缺血的状况。

4. 对治疗心脑血管疾病的作用

对患有心脑血管疾病的小白鼠口服羌活65%的醇提取物，通过临床试验发现，小白鼠的病症得到了大大的改善，而且和服用其他治疗心脑血管疾病的药物相比较，服用羌活65%的醇提取物的效果更明显，试验还证明治疗心脑血管疾病的化学成分是挥发油。

5. 抗血栓形成和抗凝血作用

人们在筛选抗血栓形成和抗凝血酶中药时发现，羌活水煎醇沉液浓度在0.1g/ml时可抑制离体兔血小板血栓形成、血小板聚集、纤维蛋白血栓形成和血栓增长速度，使体外血栓形成时间延长，长度及干重下降。在0.2g/ml时不抑制凝血酶，浓度达到0.3g/ml时有弱抗凝血酶作用。实验表明，羌活75%醇提物3g/kg和10g/kg都能延长电刺激大鼠颈总动脉血栓形成时间，大剂量组使凝血时间延长50.9%，显示了一定的抗血栓形成和抗凝血作用。

6. 抗菌作用

羌活注射液在稀释浓度为每毫升含羌活挥发油0.004ml、0.008ml时有抗菌作用，在药物稀释浓度为0.002ml/ml时对伤寒杆菌、弗氏痢疾杆菌等具有抗菌作用，此外有研究指出，一定浓度的羌活提取物有显著的抑菌作用，能够对金黄色葡萄球菌生长予以抑制。

7. 抗病毒作用

将羌活提取物注射给感染流感性病毒的小鼠，最高剂量为6.25ml/kg，最低剂量为2.05ml/kg，发现不同剂量均能直接杀灭小鼠体内的流感病毒，降低了小鼠体内流感病毒的血凝滴度和感染力。

8. 抗氧化作用

羌活甲醇提取物0.5g/kg，1.0g/kg，2.0g/kg给大鼠灌胃能明显抑制因四氯化

碳所致肝脏组织中丙二醛（MDA），硫代巴比士酸反应物质（7BA-Rs）及共轭键和荧光物质的生成量，表明羌活有抗脂质过氧化作用。

9. 抗脑肿瘤作用

羌活部分线型呋喃香豆素类化合物对小脑髓母细胞瘤（MB39）有很强的抑制性。

10. 抗过敏作用

羌活挥发油经灌胃和腹腔注射给药，对DNCB（2，4-二硝基氯苯）所致小鼠迟发型超敏反应有一定的抑制作用。

11. 对免疫系统的作用

羌活水提醇沉溶液能显著促进佐剂性关节炎模型大鼠全血白细胞的吞噬功能和全血淋巴细胞的转化率，并提高其红细胞免疫功能。对弗氏完全佐剂导致的大鼠足肿胀有明显的抑制作用，并提高红细胞免疫能力，降低血浆黏稠度。

12. 其他作用

羌活提取物对安定受体、α-肾上腺素受体、血管紧张素Ⅱ受体、钙离子通道阻滞剂受体，β-羟基-β-甲基戊二酸辅酶A及嘌呤系统转化酶等有抑制作用。羌活醇提取物能增强机体对氧自由基的清除能力，减轻脂质过氧化损伤，从而起到保护肝脏的作用。

六、羌活的临床应用

羌活在中医临床上常被用来治疗风寒湿痹、风寒感冒、头痛无汗、项强筋急、关节酸疼、风湿水肿和痈疽疮毒等病症，对中风偏瘫、白癜风、癫痫等疾病也有很好的疗效。现代羌活主要用来治疗下列病症。

1. 治疗冠心病心绞痛

对芎归羌活人参汤治疗冠心病心绞痛的效果进行了研究，观察病例65例，经过1～2个月治疗后，43例患者显效，有效15例，心电图改善30例，有效的18例，总有效率达到了73.8%。这些研究说明羌活对冠心病心绞痛有良好的治疗效果。中医认为羌活善行气分，舒而不敛，又能入经通络，活血止痛，对寒气痰湿客于心、脉络缩蜷绌急以致胸痹心痛者，能温经通脉，流利气血，宣肺而舒展胸中之气机，其芳香之性，可化痰辟浊，使胸中之清阳复升，从而促使胸痹自愈。

2. 治疗腹泻

曾报道用参苓白术散治疗脾虚型的肠鸣久泻病症未能获效，加用羌活、白芷施治，连续服药3～4剂后，患者的肠鸣泄泻症状基本消除，连续10剂可以治愈。进一步研究表明羌活具有抗炎、抗菌，兴奋迷走神经，调节肠管蠕动与分泌作用，从而改善消化、吸收功能，缓解肠鸣泄泻。

3. 治疗外阴瘙痒

王世荣在易黄汤中加入苦参及羌活治疗湿热带下，在完带汤中加羌活可治脾虚带下。在应用时比单独使用完带汤或易黄汤更加简单、方便，且在祛风止痒方面疗效显著。

4. 治疗痛经

羌活性味辛温，发越阳气，疏通经络，能有效缓解因子宫缺血引起的痉挛，促使经血畅行，减低宫腔内压，故能使痛经得以缓解。

5. 治疗白癜风

临床上常常将羌活配伍其他药物治疗白癜风，研究发现，将羌活、旱莲草、赤芍、当归、熟地、生地研成细粉末制成丸剂，可治疗白癜风。顾仲明运用九味羌活汤主治白癜风，收治患者5例，用温开水煎服，每日服用1剂，每30剂作为一个疗程，结果1例患者皮肤黑色素明显增加，病变皮肤的消退率达到50%以上，4例患者暴露部位的白斑基本消失，皮肤黑色素再生明显，损坏皮肤的消退率达到30%以上。

6. 治疗病毒性感冒

临床上用于治疗病毒性感冒。桑菊饮配合羌活，治疗风热感冒，3剂后咳嗽、头痛明显缓解。原方又服3剂而诸症消失，羌活虽属辛温之品，但在辛凉解表药中加入适量羌活，能有效提高抗病毒的效果。

7. 治疗呼吸系统疾病

羌活在呼吸系统疾病方面的应用在《中药大辞典》中就有记载，用羌活、板蓝根及蒲公英，水煎，每日1剂，分2次服，可治疗扁桃体炎。在治疗肺心病时，运用羌活、石膏、杏仁、甘草、细辛、干姜、五味子、茯苓、鱼腥草、黄芩、黄芪配合抗生素及针剂清开灵进行治疗，3天后，热退喘平，临床症状明显减轻。此方是在麻杏石甘汤的基础上，用羌活代替了麻黄，主要是由于麻黄有增快心率之弊，而羌活有减慢心率的作用，且具有祛风除湿等药效，所以疗效突出，疗程缩短。

8. 治疗小儿癫痫

采用天麻钩藤饮加味：羌活、朱茯神、夜交藤、天麻、钩藤、生石决明、川牛膝、桑寄生、杜仲、山栀子、黄芩、葛根、半夏、石菖蒲、益智仁。每日1剂可治疗癫痫。

七、羌活的市场动态及应用前景

（一）羌活药用植物资源生产概况

1. 羌活属药用植物资源现状

羌活作为珍贵的药用植物，由于生境特殊，难以驯化，之前药材来源主要依赖野生资源。在经济利益驱动下导致过度采挖，使野生种群衰退，种质资源大量丧失；繁殖的困难和漫长的更新周期更加剧了资源危机。1987年，羌活被国务院《中国野生药材资源保护管理条例》和《中国珍稀濒危保护植物名录》分列为三级濒危保护物种和二级保护物种；2005年，又以濒危物种载入《中国濒危物种红色名录》。

截至2005年全国羌活药材野生资源总量已不足2000吨，从20世纪90年代初以来，全国羌活年需求量基本在1000吨上下波动，1996年和2001年两次价格炒作导致采挖量剧增，一度达到年产4000吨的历史最高，按这种消耗速度，野生资源将在数年内消耗殆尽。据在川西北羌活主产区调查，在德格、甘孜等交通不方便的地区，尚有局部小面积成片分布，而在交通方便的原来羌活的主产区，例如阿坝州的一些县，目前已难以发现野生羌活成片分布，羌活的残存主要野生分布区已经上升到海拔3500m甚至4000m以上。许多过去的主产区现已绝迹，种质资源急剧丧失。

由于对羌活和宽叶羌活的生态学和生物学的基础研究缺乏，同时引种驯化和人工栽培亦未有所突破，据对传统地道产区实地调查，由于野生资源破坏和生境大面积丧失，实际上羌活目前已经面临物种濒临灭绝的危险。另外，羌活药材传统产区是我国西部的汉藏药材资源宝库，但也是经济文化相对落后的少数民族地区，羌活等野生药材的采挖是当地农牧民的重要经济来源。但目前产区“地毯式”野蛮采挖方式不但对其野生种群生存造成毁灭性打击，而且严重破坏了高原的自然环境，造成了日益严重的生态退化。

羌活的生长周期为3～5年，当前市场流通的羌活野生和家种都有，但家种羌活品质一般，市场认可度不高，与野生羌活不是一个价位。作为一种野生资源，又是大宗药材，单靠野生羌活难以撑起大规模工业化生产。产地、市场、药厂长期供不应求已成常态。在年产量随野生资源量的减少而逐渐下滑的同时，市场年需求量却在稳步增加，供需矛盾日益突出，价格也逐年上升，成为近几年的热门药材。从羌活的历史价格来看，羌活价格逐年上涨，近10年进入快速上涨时期。羌活主产区已陷入“越挖越少，越少越贵，越贵越挖”的恶性循环中。

价格的刺激使不足年限和不到季节采挖羌活的现象剧增，药材质量大幅下降，根茎的直径由90年代前普遍2.8cm到如今普遍不足2.0cm，一等品蚕羌的比例由30%降至不足10%。据调查，羌活药用部位（根茎及根）的折干率与采挖时间显著相关。在正常采挖季节，9月份只需要2.8～3.0kg可以晒制1kg干品，10月份2.5kg可以晒制1kg干品；而在经济利益驱动下，在春季土壤解冻后就有药农上山采挖，由于羌活根茎经过冬季和春季休眠养分大量消耗，此时需要 3.5～4.0kg新鲜根茎才能折合1kg干品。春季采挖不仅药材有效成分下降，而且由于羌活根茎萌发的幼芽尚未出土，采挖过程毁坏了绝大部分幼芽，并无药用价值，但种群更新极为重要的繁殖资源也受到毁灭性破坏，极大地破坏了植株繁殖和种群更新。同时，传统采挖方式下，当地药农一般挖大留小，主要摘取主根茎卖作药材，侧生细根茎一般留在土壤中作为繁殖材料。近年来，据在甘孜等地的野外调查，羌活的采挖基本上是在7月和8月的生长季节，连根取尽卖作药材，没有遗留任何繁殖材料，对种群的破坏是毁灭性的。

2. 羌活属药用植物野生种群现状

野生环境下羌活生长缓慢，一般生长3～5年才开花结实。尽管种子量大，但发芽成苗率极低，只有0.52%。其原因在于绝大多数种子发育不完全，无种胚或处于原胚状态，需经历较长时间的形态后熟和生理后熟过程。在自然状态下，种子在漫长的后熟过程中会大量腐烂或被动物取食，也会因风力作用将种子吹撒在周围伴生植物的叶片和冠层上，使其不具备正常萌发所需的环境，因此，在野外调查时发现羌活种群中实生苗很少。羌活种子发育差与其生长环境密切相关，在海拔3500m左右的野生环境，羌活年生长期为90～110天，一般7月底至 8月初开花，而在8月底或9月初即遇到霜冻，种子发育受阻，近年来由于仅剩余更高海拔的羌活，使种子发育期更短，种子成熟度更低，种群更新更加困难，加上采挖速度加快，种群衰退将在所难免。

对于宽叶羌活，由于生长的海拔比羌活低，一般分布在河谷尤其是干旱河谷区域的疏林或灌丛下，积温较高，生长期较羌活长30～40天，种子发育和繁殖相对较好。

（二）羌活的产销变化

在20世纪50～70年代，羌活主要用于处方，而制药企业使用较少，出口的更少。所以在1950～1977年间，每年产销1000～1680吨，但未见供过于求的现象。可是在1978～1983年间产2900～3700吨，药材仓库就有了积压。经过调整，到1984～2000年生产2000～2500吨，基本上保持了平衡格局。但经过2001年价格再次上涨导致采挖量剧增，达到年产4000吨的历史最高。改革开放以后，我国以羌活制成药或出口量有所增加，全年需求量不过2000吨左右。随着羌活野生资源在近些年内逐渐消耗，产量有所下降，截至2005年全国羌活药材野生资源总量已不足2000吨，据经营户称：2008年全国总产量是600～700吨。现有资源多分布在海拔3000m以上的高寒深山地带，山势陡峭，交通不便，由于采挖困难，收购量每年下降30%以上；近年来由于野生资源减少，人工栽培发展缓慢，商品供不应求。

多年以来羌活作为野生中药材，产销不够平衡，在20世纪90年代以前，属于一个供求平衡的品种。进入90年代以来，特别是近几年，医药企业开发了以羌活为原料的新药，羌活的需求量扩大，出现供不应求的局面，价格呈持续上升的趋势，供需矛盾加剧。

（三）羌活的价格表现

从羌活的历史价格来看，羌活价格从1993年的5元/千克，上升到2005年的

28元/千克。后10年进入快速上涨通道，2006～2007年羌活价格在25～30元/千克之间运行，2008年突破40元/千克，2013年9月以前羌活统货（四川产）价格还在75～80元/千克上下运行，进入10月突然走畅价升，短时间内价格飙升至130元/千克左右。随着资源的严重短缺，库存逐渐减少，羌活行情有了大的飞跃，2014～2016年羌活价格上扬至135～170元/千克，截至2017年7月，四川条羌报价190～280元/千克。由此可见，近几年羌活的走势，主要受产量、库存的多少主导行情。预计，羌活短期内价格进一步上扬空间有限。

（四）应用前景分析

羌活属于用途广泛的常用药材资源种类，已被应用于众多中成药品种的配伍组方之中，四川、青海、甘肃出产的羌活由于整体品质较好而享有盛誉，属于我国应用前景及其产业化前景较好的中药材资源种类。

1. 使用范围十分广泛

作为常用的药材，羌活在传统中药中有较为广泛的应用。目前以羌活作为原料的中成药产品达150多种，充分表明其在药用方面较为广泛的利用空间。此外，现代药理及临床研究表明，羌活药材具有多方面的临床治疗作用以及增强免疫等方面的保健作用，使其应用范围得以进一步扩展。因此，羌活具有相对较广的治疗和保健功效，有着十分广泛的应用空间。

2. 具有良好的市场前景

羌活的原植物包括羌活和宽叶羌活。按照其外形及其商品性状，药材可以分为“蚕羌”“竹节羌”“条羌”和“大头羌”等。其中，以“蚕羌”的品质相对较优且价格最高，属于市场接纳程度较高的药材资源种类之一。根据市场调查结果显示，药材经营企业近几年间羌活收购量和销售量飙升，间接表明国内外市场对羌活资源的需求有明显增长趋势。虽然蚕羌资源的实际生产数量只占羌活品种中的一部分，但其优异的品种使其具备了极好的开发潜力，只要利用得当，即可形成明显的资源优势。

3. 具有良好的治疗效果

羌活在临床上应用广泛，汉代《神农本草经》记载其：“味苦，平。主风寒所击，金疮，止痛，贲豚，女子疝瘕。久服，轻身、耐老。”经过后世的发展，对羌活功效应用有了进一步认识，至明代李时珍在《本草纲目》中记载羌活可以用于风水浮肿，妊娠浮肿，产肠脱出，产后腹痛，痛风，风痰喉痹，口襟，牙痛，历节肿痛，下血脱肛，耳生脓水，惊痫等多种病症的治疗。目前，羌活在临床上运用十分广泛，涉及心内科、呼吸科、消化科、眼科、妇科、风湿科等临床各科的多种疾病，均表现出良好的治疗效果。

4. 羌活产业化开发市场前景十分广阔

羌活的产业化开发有利于农业生产结构调整，可充分发挥地域优势，有效

利用人力资源。有利于进一步加快农业的市场化进程，提高农民的组织化程度，提高集约化、专业化、商品化程度，增加农民收入。21世纪以来，特别是近些年来，羌活资源供需发生了质的变化，由过去供应有余转为供不应求。由于我国医药事业的蓬勃发展，中成药投料的增多，年需求量迅速增加到2003年的250万kg，年收购量降到80万kg，供求矛盾突出，价格不断攀升。由于野生羌活生长周期长，一般需3～5年才能采挖。因此羌活产业化开发市场前景十分广阔。

八、羌活的药用价值和经济价值

（一）羌活的药用价值

羌活主要化学成分包括挥发类成分（主要为挥发油）、非挥发类成分（香豆素类成分）、氨基酸、糖类、有机酸和有机酸脂类。

羌活现代药理研究证明，挥发油具有发散解表、芳香开窍、理气止痛、祛风除湿、活血化瘀、驱寒温里、清热解毒、解暑祛秽、杀虫抗菌、抑制肿瘤等作用。香豆素类化合物具有抗血栓形成、抗心肌缺血、抗心律失常、抗炎、镇痛作用，羌活的药理研究成果，为羌活治疗心脑血管疾病提供了科学依据。羌活所具有的解热、镇痛、抗炎、抗过敏等作用，为临床应用羌活治疗风寒湿痹、骨节酸痛提供了一定的药理学依据。临床上，羌活不仅用于解表、祛风湿、止痛，还用于治内伤杂症。羌活擅长入足太阳膀胱经，故在治疗中风等病症可起到引经的作用，配伍他药，多用于治疗中风偏瘫、白癜风、阳痿、痛经、小儿癫痫、肾炎水肿、冠心病心绞痛、头痛等疾病。

（二）羌活的经济价值

1. 羌活作为中成药及保健药品的主要原料被广泛应用

医药企业开发的以羌活为原料制成的中成药达150多种，常用的如追风膏、海马鹿茸膏、追风虎骨膏、追风除湿酒、追风舒经、活血追风膏、透骨镇风丸、豹骨酒、海蛇药酒、参茸虎骨药酒、参茸豹骨药酒、追风透骨丸、散风活血膏、风湿止痛膏等，均得到消费者的认可，特别是大活络丸、疏风再造丸、舒筋药水、祛风药酒等系列中成药用量较大。

2. 羌活化妆品

目前多家企业加工生产的羌活油具有稳定情绪、消除疲劳、改善睡眠、清醒头脑、改善血液循环、排除体内毒素、润滑肌肤、延缓衰老的功效，作为按摩精油和植物化妆品使用。

含有羌活中药的化妆品具有美容、增白的效果。一种油性化妆品的配方是：羌活提取物1g，70%山梨醇3g，甘油5g，水70g，尿囊素0.1g，聚氧化乙烯固化蓖麻油衍生物0.5g，乙醇20g，香料适量。一种护肤脂的配方是：羌活提取物1g，蜂蜡10g，石蜡6g，羊毛脂3g，肉豆蔻酸异丙酯6g，三十碳烷8g，液体石蜡25g，维生素E 0.2g，聚氧化乙烯脱水山梨醇-硬脂酸酯1.8g，脱水山梨醇-硬脂酸酯4.2g，丙二醇2g，硼砂0.7g，甘草提取物0.8g，尿素5g，水26g，防腐剂适量。

3. 羌活的观赏价值

羌活多年生草本，高1m以上。羌活花多数排列成复伞形花序，白色，伞幅10～15条，各顶端有20～30条花梗（小伞梗），极具观赏性。亦可用来制作干花或作为切花，以实现整体开发，进一步提高其附加价值。

4. 羌活在养殖业中的应用

（1）治疗牛流行热　牛流行热又名“三天热”，具有较强的传染性，一旦发病，流行很快，范围较广。该病以发热为主，发病急，进展快，发病后体温快速升高到40～41℃，患牛口色白腻或红赤，流涎，四肢疼痛，跛行，心跳100次/分钟以上，有的患牛全身颤抖，若不及时治疗，经常卧地不起，甚至死亡。用（羌活45g，防风35g，苍术35g，细辛21g，川芎24g，白芷21g，生地30g，黄芩30g，甘草21g，生姜21g，大葱1棵）结合西药共治疗牛流行热65例，体温均在40～41℃。首先肌肉注射兽用30%安乃近20ml，再用上方水煎药液内服1000ml，每天1剂，连用3天，有18例症状严重者同时静脉注射50%葡萄糖、肌苷、能量合剂，治愈率96.9%，2例因就医过迟，心力衰竭而死亡。

（2）治疗牛普通感冒　凡有寒湿兼见内热等临床感冒病症者均可应用。主要症状为体温升高至39～40.5 ℃，心跳加快，恶寒，舌苔白腻，寒湿阻滞经络，导致全身僵硬，肢体疼痛，饮食减少。临床用九味羌活汤加减治疗该病39例，总有效率89%。

（3）用于猪保健　用羌活、山楂、神曲、川芎、茯苓、荆芥、防风、枳实、柴胡、苍术、槟榔、甘草各20g，炒麦芽30g，研末以0.2% ～0.5%的比例拌于饲料中，每周喂2次。此方具有祛风散寒、活血祛瘀、健脾燥湿的功效，在冬季使用既能促进猪的快速育肥，又能抗寒防病。

附录一

青海省宽叶羌活规范化栽培技术规程

本标准规定了宽叶羌活（*Notopterygium forbesii* de Boiss）生产区环境条件要求；种（子）源繁育技术规范；药材规范化生产技术规程；药材采收、加工、包装和储运技术规范以及农药使用准则等综合技术要求。

本标准适用于本省无公害宽叶羌活药材的栽培与生产。

1　规范性引用文件

下列文件对于本文件的应用是必不可少的。凡是注日期的引用文件，仅注日期的版本适用于本文件。凡是不注日期的引用文件，其最新版本（包括所有的修改单）适用于本文件。

GB 3095　环境空气质量标准

GB/T 3543（所有部分）农作物种子检验规程

GB/T 3543.2　农作物种子检验规程　扦样

GB/T 3543.3　农作物种子检验规程　净度分析

GB/T 3543.4　农作物种子检验规程　发芽试验

GB/T 3543.5　农作物种子检验规程　真实性和品种纯度鉴定

GB/T 3543.6　农作物种子检验规程　水分测定

GB/T 3543.7　农作物种子检验规程　其他项目检验

GB 3838　地表水环境质量标准

GB 4285　农药安全使用标准

GB 5084　农田灌溉水质标准

GB/T 7414　主要农作物种子包装GB/T 7415农作物种子贮藏

GB 7718　预包装食品标签通则

GB/T 8321（所有部分）　农药合理使用准则

GB/T 14848　地下水质量标准

GB 15618　土壤环境质量标准

GB 20464　农作物种子标签通则

NY/T 393　绿色食品农药使用准则

国家药品监督管理局令第32号　中药材生产质量管理规范（GAP）

中华人民共和国对外贸易经济合作部公告　药用植物及制剂进出口绿色行业标准（2001年）

2　术语和定义

下列术语和定义适用于本文件。

2.1　原种 basic seed

用育种家种子繁殖的第一代至第三代，经确认达到规定质量要求的种子。

2.2　大田用种 qualified seed

用原种繁殖的第一代至第三代或杂交种，经确认达到规定质量要求的种子。

2.3　有机肥organic fertilizer

利用生物发酵技术生产，经检测达到质量要求的有机肥料。

3　宽叶羌活药材规范化生产条件要求

3.1　自然环境条件要求

3.1.1　气候条件

宽叶羌活适宜产区为寒冷湿润气候，海拔在1800～3800m之间。年平均气候4℃左右，日照充足，年平均降水量440～750mm。

宽叶羌活属高寒植物，生长环境特殊，年生长期短，生长缓慢，生长周期长，一般4 ～7年生才能基本达到药用标准。我国中纬度内陆黄土高原暖温带地区。

3.1.2　土壤条件

宽叶羌活适宜生长土壤为以亚高山灌丛草甸土、山地森林土为主。土壤层厚度大于60cm，土壤表层10～15cm，有机质含量1%～15%，pH值7.2～8.4之间。

3.2　环境质量要求

3.3.1　环境空气质量

达到GB3095二级标准要求。

3.2.2　土壤环境质量

达到GB15618二级标准要求。

3.2.3　水环境质量

达到GB5084、GB3838 Ⅲ类水质标准和GB/T14848 Ⅲ类水质标准要求。

4　宽叶羌活药材种（子）源繁育技术规范

4.1　繁殖方法

宽叶羌活种子基地生产采用种子为繁殖材料，进行有性繁殖。

4.2　选种与采集

4.2.1　选种

在原种生产基地中选择健壮无病害良种。

4.2.2　采集

种子采集时间为每年8～10月。当复伞形花序变褐色，种子呈浅褐色时，分期、分批采收，将伞房花序放置在通风处阴干后进行脱粒，除去杂物，装入布袋或纸箱中，在干燥低温（0℃以下）条件下贮藏。

4.3　育苗

4.3.1　选地、整地

育苗田应选择土层深厚、疏松、排水良好的沙壤土土地。对选好的育苗地进行秋季深翻，使土壤充分熟化，接纳雨水，增加土壤含水量。第二年土壤解冻后再深翻一次，并耙耱整平。

4.3.2　播种

播种前要预先对种子进行处理。方法是：将干种子放入200 ppm GA溶液浸泡24小时，然后用清水清洗三次，将种子放在0℃以下低温环境处理60～80天。

宽叶羌活种子播种以春播为主。播期在4月。播前先将地整成1m宽、长度依地形和需要而定的畦，然后将种子拌细沙，均匀撒入3cm深的播种沟。行距15～20cm，播量为9.0g/hm^2，播种后覆土并镇压并在床面上均匀覆一层麦草，创造荫蔽、湿润的环境。在苗顶出地面后，去掉覆盖物。

播后需及时灌溉，灌水量以不积水为宜，苗出全后要适时灌溉（保持土壤含水量达到15%以上）。

4.3.3　拔草、追肥

苗期应随时拔除杂草，在幼苗有4～6片叶子时，进行中耕、锄草、间苗和定苗，定苗株距为6cm左右。根据幼苗生长情况及时灌水，结合灌水追施有机肥15000kg/hm^2。

4.3.4　施肥

施肥采取早施、深施、秋施、集中条施的方法。有机肥施肥量：45000kg/hm^2，2/3作底肥，1/3作追肥。在7月和8月各追肥一次。

4.3.5　除草与松土

黄芪幼苗期要做到地里无杂草，锄草、松土要同时进行。5月至8月底结合灌水连续松土2～4次。

4.3.6　病虫害防治

地下害虫防治：在定植前用啶虫脒800倍液在犁沟喷洒；

蚜虫防治：用80%吡虫啉1000倍溶液喷雾防治；

根腐病防治：褐斑病防治：用多菌灵1200～1510倍，每1天喷施1次，连续3～5次（农药使用准则参见附录A）。

4.4　种子采收和储藏

宽叶羌活种子在7月上旬～9月中下旬采收。采收时用剪刀将成熟的花序剪下，统一运送到晾晒场晾晒，风干后脱粒，再利用风力筛选杂质、不成熟与虫害种子，然后按照GB/T 3543（所有部分）标准检验种子质量。检验合格后，按照GB/T 7414和GB/T 7415标准要求进行包装和储藏。

4.5 宽叶羌活药材种（子）质量检验要求

4.5.1 种子质量要求

宽叶羌活种子质量应符合表1的要求。

表1　宽叶羌活种子质量要求　　单位：%

作物种类	种子类别	品种纯度 不低于	净度（净种子） 不低于	发芽率 不低于	水分 不高于
宽叶羌活	原种	99.0	98.0	18	12
	大田用种	98.0	98.0	15	12

注：原种：用育种家种子繁殖的第一代至第三代，经确认达到规定质量要求的种子；大田用种：用原种繁殖的第一代至第三代或杂交种，经确认达到规定质量要求的种子

4.5.2 检验方法

净度分析、发芽试验、真实性和品种纯度、水分测定以及其他检验项目分别执行GB/T 3543.3、GB/T 3543.4、GB/T 3543.5 、GB/T 3543.6 和GB/T 3543.7的规定。

4.5.3 检验规则

扦样方法和种子批的确定执行GB/T 3543.2的规定。

4.5.4 质量判断规则

质量判定规则执行GB 20464的规定。

4.5.5 包装、贮藏

包装、贮藏按GB/T 7414和GB/T 7415执行。

5 宽叶羌活药材生产技术规范

5.1 繁殖方式

宽叶羌活药材生产基地采用人工繁育的种苗进行移栽。

5.2 定植与田间管理

5.2.1 定植

宽叶羌活定植在4月进行。用犁或锹开沟，按照株行距20cm × 20cm，开深沟栽植种苗。将种苗顺沟斜摆在沟壁上，然后覆土。栽植苗量：中等幼苗750～950kg/hm^2。

5.2.2 施肥

施肥采取早施、深施、秋施、集中条施的方法，底肥施有机肥30000kg/hm^2，在7、8月中下旬各追施氮肥一次，追肥量15000kg/hm^2。

5.2.3 灌溉

春季种苗萌发期，耕作层土壤含水量低于15%时，则应灌溉。其余时段耕作层土壤含水量低于10%时，则应灌溉。

5.3 防治病虫害

防治方法和技术规范同种子（源）繁育技术规程。

5.4　疫情和病虫害检测

宽叶羌活病虫害检测应当采用定期和不定期时检测方法。定期检测周期按照宽叶羌活发育时期的不同，采用不同的检测频率，实生苗期每3天检测一次，两年生及以上每2天检测一次；不定期检测，每月不得低于5次。

病、虫害预警预报标准为病、虫害发生率达到1%时，为预警预报限制标准，当病虫害发生率达到1%以上即达到全面防治标准。

防治效果标准：病、虫害防治效果达到60%以上为防治初步效果，防治效果达到98%以上则为达到全面控制防治效果。

6　宽叶羌活药材的采收、加工、包装和储运技术规范

6.1　采收

宽叶羌活药材在第四年霜降后采收。采收前应清除杂草，然后按照播行开沟，仔细挑拣，以免漏拣，造成减产。拣收时尽量现场分级，若现场不便分级，则应当在采收后立即清洁泥土并分级。

6.2　加工

宽叶羌活药材产品的干燥主要采用自然干燥法。

将收获的根系清除泥土，按照根头直径2.0cm以上；1.5～2.0cm；1.0～1.5cm；1.0cm以下四个等级分级。按照不同等级平铺在晾晒场。晾晒期间每隔24小时翻动一次。晾晒10～15天，经过水分检测合格后，收集到编织袋或纸箱内，放置在通风、干燥、闭光的库房内待加工包装。

6.3 产品包装

6.3.1 包装车间消毒和灭菌。

包装车间应进行封闭和灭菌消毒，实行人流、物流分开，包装操作工人应经过更衣、灭菌等工序后进入包装车间。

6.3.2 抽样

对每一批次药材采用随机抽样方法分别抽样检测，抽样样品不得低于检测样品的5‰，检测重复率不低于3次。

6.3.3 含水率

检测样品含水率限值为12%以内。

6.3.4 产品包装规格

按照不同分级，分拣杂质，去除残破根系，进入紫外线灭菌室，灭菌后直接装袋并封口。装箱后出厂待销售。

6.3.5 标签与说明

产品标签应当符合GB7718要求。宽叶羌活作为药材产品要严格按照国家《中药材生产质量管理规范》、《药用植物及制剂进出口绿色行业标准》等要求，编制产品产地、引种来源、种植基地、种植人员、管理技术方案、药材活性成分、重金属和农药残留测试结果以及药材保质期等说明内容。

6.4　产品的储运

6.4.1　储藏

产品应储藏在清洁、干燥、阴凉、通风、无污染的专用仓库中。

6.4.2　运输

运输工具应清洁、干燥、无异味、无污染，运输中应防雨、防潮、防曝晒、防污染，严禁与可能污染其品质的货物混装运输。

附录A

（规范性附录）

宽叶羌活生产中的农药使用准则

A.1　农药类型

A.1.1　生物源农药

直接利用生物活体或生物代谢过程中产生的具有生物活性的物质或从生物体提取的物质作为防治农药。

中华人民共和国农业部2000-03-02批准 NY/T 393使用的病虫草害农药。

A.1.2　矿物源农药

有效成分起源于矿物的无机化合物和石油类农药。

A.1.3　有机合成农药

由人工研制合成，并由有机化学工业生产的商品化的一类农药，包括中等毒和低素类杀虫杀螨剂、杀菌剂、除草剂。

A.2　允许使用的农药种类

A.2.1　生物源农药

A.2.1.1　微生物源农药

A.2.1.1.1　农用抗生素

防治真菌病害：灭瘟素、春雷霉素、多抗霉素（多氧霉素）、井冈霉素、

农抗菌120、中生菌素等。

防治螨类：浏阳霉素、华光霉素。

A.2.1.1.2　活体微生物农药

真菌剂：蜡蚧轮枝菌等。

细菌剂：苏云金杆菌、蜡质芽孢杆菌等。

拮抗菌剂。

昆虫病原线虫。

微孢子。

病毒：核多角体病毒。

A.2.1.2　动物源农药

昆虫信息素（或昆虫外激素）：如性信息素。

活体制剂：寄生性、捕食性的天敌动物。

A.2.1.3　植物源农药

杀虫剂：除虫菊素、鱼藤酮、烟碱、植物油等。

杀菌剂：大蒜素。

拒避剂：印楝素、苦楝、川楝素。

增效剂：芝麻素。

A.2.2　矿物源农药

A.2.2.1　无机杀螨杀菌剂

硫制剂：硫悬浮剂、可湿性硫、石硫合剂等。

铜制剂：硫酸铜、王铜、氢氧化铜、波尔多液等。

A.2.2.2　矿物油乳剂

柴油乳剂等。

A.2.3　有机合成农药

A.3　使用准则

宽叶羌活生产应从作物-病虫草等整个生态系统出发，综合运用各种防治措施，创造不利于病虫草害滋生和有利于各类天敌繁衍的环境条件，保持农业生态系统的平衡和生物多样化，减少各类病虫草害所造成的损失。

A.3.1　药量与安全间隔期

按照GB 4285、GB 8321.1、GB 8321.2、GB 8321.3、GB 8321.4、GB/T 8321.5要求控制施药量与安全间隔期。

A.3.2　最终残留

有机合成农药在农产品中的最终残留应符合GB4285、GB8321.1、GB8321.2、GB8321.3、GB8321.4、GB/T8321.5的最高残留限量（MRL）要求。

A.3.3　严禁使用基因工程品种（产品）及制剂。

A.3.4　优先采用农业措施，通过选用抗病抗虫品种，非化学药剂种子处理，培育壮苗，加强栽培管理，中耕除草，秋季深翻晒土，清洁田园，轮作倒茬、间作套种等一系列措施起到防治病虫草害的作用。还应尽量利用灯光、色彩诱杀害虫，机械捕捉害虫，机械和人工除草等措施，防治病虫草害。特殊情况下，必须使用农药时，要遵守以下准则。

A.3.4.1　应首选使用AA级绿色食品生产资料农药类产品。

A.3.4.2　在AA级绿色食品生产资料农药类不能满足植保工作需要的情况下，允许使用以下农药及方法。

A.3.4.2.1　中等毒性以下植物源杀虫剂、杀菌剂、拒避剂和增效剂。如除虫菊素、鱼藤根、烟草水、大蒜素、苦楝、川楝、印楝、芝麻素等。

A.3.4.2.2　释放寄生性捕食性天敌动物，昆虫、捕食螨、蜘蛛及昆虫病原线虫等。

A.3.4.2.3　在害虫捕捉器中允许使用昆虫信息素及植物源引诱剂。

A.3.4.2.4　允许使用矿物油和和植物油制剂。

A.3.4.2.5　允许使用矿物源农药中的硫制剂、铜制剂。

A.3.4.2.6　经专门机构核准，允许有限度地使用活体微生物农药。如真菌制剂、细菌制剂、病毒制剂、放线菌、拮抗菌剂、昆虫病原线虫、原虫等。

A.3.4.2.7　允许有限度地使用农用抗生素。如春雷霉素、多抗霉素（多氧霉素）、井冈霉素、农抗120、中生菌素、浏阳霉素等。

A.4　禁止使用的农药

A.4.1　禁止使用有机合成的化学杀虫剂、杀螨剂、杀菌剂、杀线虫剂、除草剂和植物生长调节剂。

A.4.2　禁止使用生物源、矿物源农药中混配有机合成农药的各种制剂。

A.4.3　严禁使用基因工程品种（产品）及制剂。

A.4.4　严禁使用高毒高残留农药防治贮藏期病虫害。

附录二

四川省羌活生产技术规程

1.1　范围

本标准规定了中药材羌活的产地环境条件、栽培管理技术、采收与采后处理。本标准适用于中药材羌活的生产。

1.2　规范性引用文件

下列文件中的条款通过本标准的引用而成为本标准的条款。注日期的引用文件，其随后所有的修改 单或修改版均不适用于本标准，鼓励根据本标准达成协议的各方研究是否可使用这些文件的最新版本。凡是不注日期的引用文件，其最新版本适用于本标准。

DB 51/336　无公害农产品（或原料）产地环境条件

DB 51/337　无公害农产品农药使用准则

DB 51/338　无公害农产品肥料使用准则

《中华人民共和国药典》（2010年版，一部）

1.3　术语和定义

下列术语和定义适用于本标准。

1.3.1　羌活

羌活（Notopterygii Rhizoma et Radix）来源于伞形科植物羌活（*Notopterygium incisum* Ting ex H. T. Chang）和宽叶羌活（*N. franchetii* Boiss.）的干燥根茎及根。

1.3.2　香羌

根状茎粗短直立，节间缩短，呈紧密隆起的环状，形似蚕，圆柱状或略弯曲，顶端有残留茎基，节上密生疣状突起的须根痕。

1.3.3　竹节羌

根状茎节间较长，圆柱形，似竹节状。

1.3.4　大头羌

多为宽叶羌活根茎及根。根茎特别膨大，呈不规则结节状，顶端具多数残留茎基。

1.3.5　条羌

根及，圆柱形或分枝，顶端偶见根茎，具茎基及叶鞘残基，上端较粗大，有稀疏隆起环节。

1.4　产地环境条件

产地环境质量条件应符合DB51/336的规定。

羌活喜阴、湿、冷凉气候，适宜于亚高山至高山各植被带。一月均温0°C

以下，七月均温15°C以下，年均气温以10°C以下为宜；年无霜期大于90天；年均降雨量600mm以上，年均相对湿度在65%以上；海拔高度在1900m以上。

土壤厚度为30cm以上，pH值5.0～6.8，土质疏松，富含凋落物与腐殖质（有机质在10%以上），或有较厚地被层（草本层或者苔藓层），类型为亚高山森林土和高山草甸土。

1.5 栽培管理技术

1.5.1 选地、整地

1.5.1.1 育苗地选址

选择海拔1900m以上的阴山或者阴坡，要求水源方便，土地平整、排水良好、土层深厚、腐殖质丰富的地块。

1.5.1.2 栽培地选址

栽培地选择海拔2500m以上（羌活）或1900m（宽叶羌活）的阴山或者阴坡，土层深厚，灌溉便利，排水良好。

1.5.1.3 整地、开厢

整地：每亩施腐熟有机肥混合腐殖土3000～5000kg；翻耕混匀，整细耙平，拣去杂草、石块，清除多年生杂草繁殖根茎、宿根等。

开厢：平地东西向起垄，坡地沿等高线起垄；育苗地厢面宽1.0～1.2m、沟深20cm。定植地厢面宽1.2m ～1.5m、沟深30cm。

1.5.2　育苗移栽

羌活繁殖方法有有性繁殖和无性繁殖两种方式。有性繁殖采用种子繁殖，无性繁殖采用根茎移栽繁 殖。

1.5.2.1　种子育苗

1.5.2.1.1　种子采收

果实的收取以种子是否成熟饱满为指标，从8月中下旬到9月上旬果实表面为浅黄褐色时采收。采收时，截取果序，捆成束，晾于阴凉干燥处备用。

1.5.2.1.2　种子储藏

需储藏的种子从果序上脱粒后，在阴凉干燥处摊晾，或在低于40°C的条件下烘干，置冷凉干燥处储藏，将种子含水量控制在10%以下，储藏时间不超过3年。

1.5.2.1.3　种子处理

将种子用清水浸泡24小时。将浸泡后的种子与洗净的河沙按体积比1：3混合均匀，将含水量调节至60%～70%，捏之成团，松开即散。将混匀河沙的种子先置于10～25°C条件下层积5～6个月，定期翻 动并检查层积的温度与水分状况，然后置于低于5°C温度下放置30天以上，用于春播或秋播。

1.5.2.1.4　播种时间

分为春季播种和秋季播种。春播时间为翌年4月下旬前、土壤解冻后，秋播时间为9月下旬至10月中旬。

1.5.2.1.5　种子用量

育苗用种量600～1000粒/平方米。

1.5.2.1.6　播种方法

条播，横畦开槽，槽间距20cm，槽深0.8～1.5cm。将处理好的种子与5倍体积河沙或腐殖土混匀后一起播撒。播种后，土面上浇洒适量水，用筛过的腐殖土覆盖，其上再覆盖农作物秸秆。

1.5.2.1.7　苗床管理

种子出苗后，揭去覆盖的秸秆，苗床上方支起遮阳网。在两片真叶时每亩追施P_2O_5 0.063kg，施用纯N 0.09kg，叶面喷施。需及时浇水、拔除杂草。如需越冬，须在倒苗后用草垫覆盖越冬。

1.5.2.2　根茎移栽

1.5.2.2.1　移栽时间

于秋季或春季药材收获时进行，多在秋季。

1.5.2.2.2　根茎拣选

采挖野生根茎或生长年限在5年以上的栽培植株地下部分，选具有芽的根茎，切成小段，每段有1～2芽，切面及时沾上新鲜草木灰。

1.5.2.2.3　移栽方法

条栽，按行距30～35cm开沟，沟深15～17cm，宽10cm，把根茎横放沟内，株距20～30cm，盖腐殖土或细土3～4cm，浇水。秋季移栽需覆盖草垫越冬。

1.5.2.3　种苗移栽

1.5.2.3.1　种苗采挖时间与分拣

秋播第三年或春播翌年4月出苗后，挖第2年生羌活苗，秋播次年9～10月倒苗后，也可采挖一年 生羌活根茎，进行大田移栽。

根据根茎直径大小，按大、中、小分为3级，分开定植。

1.5.2.3.2　定植

选出的种苗应及时移栽。横厢开槽，将处理好的根茎均匀地摆放于槽底，栽种深度10～15cm，行株距40cm×25cm。用土覆盖，抚平表层土壤后，施定根水。

1.5.2.4　遮阴

露地大田栽培需搭建遮阳网。苗期荫棚透光率为20%～30%；移栽第一年透光率为40%。遮阳网搭建高度以1.0～1.5m为宜，秋天羌活倒苗后，揭去遮阳网。

1.5.3　田间管理

1.5.3.1　中耕除草

定植后从第二年开始，每年羌活返青之后中耕松土一次，封行前及时去除杂草。

1.5.3.2　追肥

肥料施用应符合DB51/338的规定。

在出苗后两片真叶时及地上部分生长旺盛阶段追肥。追肥用量两片真叶期每亩追施P_2O_5 0.063kg，施用纯N 0.09kg叶面喷施。移栽定植后每年亩施复混肥60kg（N 13%、P_2O_5 2.6%、K_2O 4.8%）。施肥时间为5月、6月和7月，每月一次，除草后追肥。

1.5.3.3　摘蕾

移栽定植后需在抽薹初期及时去掉花薹，留种植株除外。

1.5.3.4　保水与排涝

开挖排水沟防涝。在整个生育期保持土壤湿润。

1.5.3.5　病虫舍防治

农药使用应符合DB51/337规定。

贯彻“预防为主，综合防治”的植保方针。以农业防治为基础，提倡生物防治和物理防治，科学应用 化学防治技术的原则。

1.5.3.5.1　虫害

主要虫害有蛴螬（金龟子幼虫）等，生长期专食羌活根茎及沿叶柄或者花茎向上取食，直至羌活植株死亡。防治方法参见附录A。

1.5.3.5.2　草食动物

用网围栏防止草食动物危害。

1.6　采收与采后处理

1.6.1　采收

1.6.1.1　采收年限

以移栽后第三年（四年生植株）至第四年（五年生植株）采收为宜。

1.6.1.2　采收期

每年10月下旬～11月，在地上部分完全枯萎后、土壤冻结之前采挖药材，或在春季3月下旬～4月，土壤解冻后、出苗前采挖。

1.6.1.3　采收方法

选择晴天，将羌活根及根茎挖出，摘除残余茎叶，抖净泥土后，放入箩筐等透气的容器运回。

1.6.2　采后处理

1.6.2.1　分选

将采收新鲜羌活药材运回到晒场，抖净根及根茎上的泥沙。将蚕羌、竹节羌、头羌、条羌以及须根分拣开并进行药材等级分类，如果一株药材上有几种形态，需要用药刀切开。

1.6.2.2 干燥

晒至根部坚硬，易折断，断面呈孔状即可。摊晒过程中若遇雨天，需堆放时，应堆放在通风阴凉处，避免发热腐烂。有条件时，可采用50～55°C的低温烘干法进行干燥。

1.6.2.3 质量控制

药材质量应符合《中华人民共和国药典》2010年一部“羌活”项下的有关形态规格及特征成分含量的相关规定。

1.6.2.4 包装、储藏与运输

1.6.2.4.1 包装

采用清洁、干燥和符合国家食品卫生标准的塑料编织袋进行包装，包装时按照药材等级进行分级包装。包装袋外注明药材名、基源、产地、等级、重量（毛重、净重）、采收时间、生产单位、批号等信 息。

1.6.2.4.2 储藏

置于通风、干燥、避光和阴凉处，贮藏温度25°C以下，相对湿度40%～60%。地面为混凝土或可冲洗的地面。

1.6.2.4.3 运输

运输工具应干燥、无污染。

附录A

（资料性附录）

羌活主要虫害及推荐防治方法

名称	防止时期	推荐防治方法	安全间隔期
蛴螬	春耕整地	施用充分腐熟的农家肥 每亩施用辛硫磷有效成分150g ～250g与腐殖土充分拌匀。	
	危害期	3%辛硫磷颗粒剂5000～6000克/亩撒施； 50%辛硫磷乳油500～1000倍液灌窝； 90%晶体敌百虫1000倍～1500倍液灌窝。	>5d >5d >28d

注：如有新的适合羌活药材生产的高效、低毒、低残留生物农药，应优先选用

参考文献

[1] 中国科学院中国植物志编辑委员会. 中国植物志 [M]. 北京：科学出版社，1999.

[2] 黄林芳，李文涛，王珍，等. 濒危高原植物羌活化学成分与生态因子的相关性 [J]. 生态学报，2013，33 (24)：7667–7678.

[3] 阎凤，朱宏伟，董生健，等. 羌活的生态环境及生长发育规律初探 [J]. 甘肃农业，2006 (6)：137.

[4] 侯永芳. 青海产药用羌活有效成分的研究 [D]. 青海：青海师范大学，2009.

[5] 张鹏，杨秀伟. 羌活化学成分进一步研究 [J]. 中国中药杂志，2008，33 (24)：2918–2921.

[6] 张艳侠，蒋舜媛，徐凯节，等. 宽叶羌活种子的化学成分 [J]. 中国中药杂志，2012，37 (7)：941.

[7] 罗鑫，王雪晶，赵祎武，等. 羌活化学成分研究 [J]. 中草药，2016，47 (9)：1492–1495.

[8] 孙洪兵，蒋舜媛，周毅，等. 羌活临床应用的本草考证及处方分析 [J]. 四川中医，2016，34 (7)：33–36.

[9] 单锋，袁媛，郝近大，等. 独活、羌活的本草源流考 [J]. 中国中药杂志，2014，39 (17)：3399–3403.

[10] 肖启银，高明文，张祯勇，等. 羌活栽培技术 [J]. 科学种养，2016，1：20–21.

[11] 边芳，王兴致. 羌活栽培技术 [J]. 农业科技与信息，2016，11：80–82.

[12] 国家药典委员会. 中华人民共和国药典四部 [M]. 中国医药科技出版社，2015：182.

[13] 陈智煌，廖华军，刘晨，等. 羌活挥发油的GC–MS分析及其抗炎镇痛的药理作用初探 [J]. 海峡药学，2015，27 (8)：20.

[14] 陈虹宇，尹显梅，陈玲等. 不同商品规格等级羌活的镇痛抗炎作用对比研究 [J]. 中药与临床，2016，7 (2)：15–17.

[15] 张军，杨涛，郭琪，等. 濒危药用植物羌活的研究进展 [J]. 安徽农业科学，2016，44 (15)：118–120.

[16] 高娜，董生健，何小谦. 羌活药用价值与产业化开发建议 [J]. 科学种养，2016，5：3.

[17] 孙士浩. 羌活的化学成分及药理作用研究进展 [J]. 药物研究，2016，5：87.

[18] 王世荣. 中药羌活的药理作用及应用分析 [J]. 世界最新医学信息文摘，2015，15 (60)：2.

[19] 乔荣荣，严国俊，田荣，等. 羌活挥发性成分的气相色谱/质谱分析 [J]. 海峡药学，2017，29 (4)：52–56.

[20] 张丽丽. 中药羌活的药理作用及应用 [J]. 中国继续医学教育，2015，7 (13)：191–192.

[21] 顾仲明. 九味羌活汤治疗白癜风 [J]. 浙江中医杂志，2002，7：311.

[22] 金盼盼. 药用植物羌活的研究进展 [J]. 安徽农业科学，2011，39（2）：815-816，903.

[23] 冉懋雄，周厚琼. 现代中药栽培养殖与加工手册 [M]. 北京：中国中医药出版社，1999.

[24] 杨继祥，田义新. 药用植物栽培学 [M]. 北京：中国农业出版社，2004.

[25] 石海利，蒋舜媛，徐凯节，等. 羌活药材活性成分的提取工艺研究 [J]. 天然产物研究与开发，2012，24（5）：689.

[26] 王涛. 宽叶羌活种苗繁育关键技术及分级标准的研究 [D]. 甘肃农业大学，2013.

[27] 张家菁，于元杰. 伞形科药用植物组织培养的研究进展 [J]. 特产研究，2011，33（1）：63-66.

[28] 尹红芳. 农艺措施对宽叶羌活产量和品质的影响 [D]. 甘肃农业大学，2008.

[29] 张阿强，李建宏，谢放. 宽叶羌活栽培技术研究进展 [J]. 甘肃农业科技，2013（11）：54-56.

[30] 田丰，李永平，余科贤，等. 不同钾肥用量对2年生宽叶羌活生物量、药材产量及品质的影响 [J]. 安徽农业科学，2011，39（2）：808-809.

[31] 左惠芳，陈超，庞焕玲. 实施GAP的关键之一——合理施肥 [J]. 中南药学，2003，1（3）：163-165.

[32] 刘琴. 濒危资源植物羌活生长规律及环境影响 [D]. 四川：四川大学，2016：16.

[33] 蒋舜媛，孙辉. 羌活和宽叶羌活的环境土壤学研究 [J]. 中草药，2005，35（6）：921.

[34] 孙辉，蒋舜媛. 高寒山区濒危药用植物羌活产地适宜性及生产区划分析 [J]. 中国中药杂志，2009，34（5）：536.

[35] 李菊兰. 野生药材羌活驯化高效育苗探析 [J]. 种子科技，2017，（4）：97.

[36] 田丰，李福安. 不同套种作物对宽叶羌活生长的影响 [J]. 安徽农业科学，2009，37（29）：14179.

[37] 李永平，王拴旺. 青海道地药材羌活栽培技术 [J]. 安徽农业科学，2013，15（2）：268.

[38] 胡凯. 中药材田间管理措施 [J]. 农业知识，2011（1）：48-49.

[39] 卞文玉. 浅议羌活栽培技术 [J]. 科学种养，2016，4：23-24.

[40] 陈小莉，方子森，张恩和. 甘肃省羌活资源特征及开发利用 [J]. 草业科学，2005，22（1）：1-3.

[41] 张恩和，陈小莉，方子森，等. 野生羌活种子休眠机理及破除休眠技术研究 [J]. 草地学报，2007，15（6）：509-514.

[42] 李彩琴. 宽叶羌活种子休眠机理及解除途径的初步研究 [D]. 甘肃农业大学，2008.

[43] 马春琴，董生健. 羌活露地小麦套种育苗技术 [J]. 农业与技术，2012（3）：39.

[44] 尹红芳，晋小军. 控制抽薹对宽叶羌活产量和品质的影响 [J]. 甘肃农大学报，2009，44

（3）：77-80.
［45］秦彩玲，张毅，刘婷，等. 中药羌活有效成分的筛选试验［J］. 中国中药杂志，2000，25（10）：639-940.
［46］隋晓恒. CO2-超临界流体萃取根茎类药材中挥发性成分的共性技术研究［D］. 长春：长春中医药大学，2011.
［47］陈瑛. 实用中药种子技术手册［M］. 北京：人民医药出版社，1999.